주판으로 배우는 암산 수학

MASTER
마스터

매직셈

1
단계

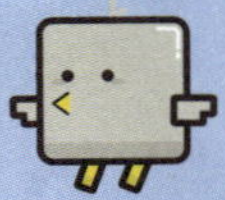

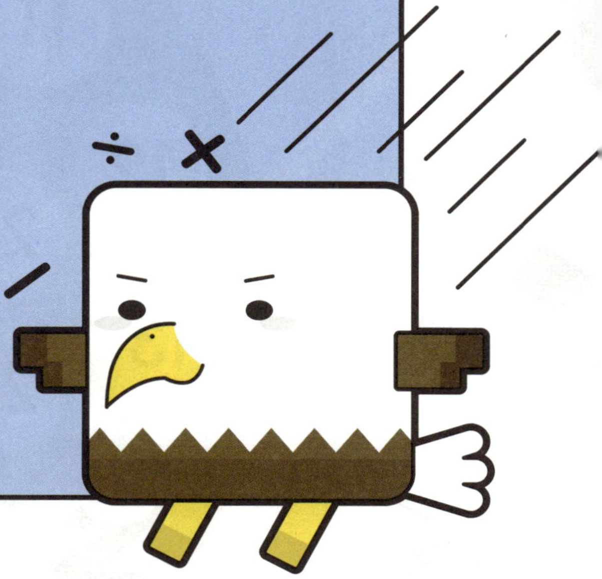

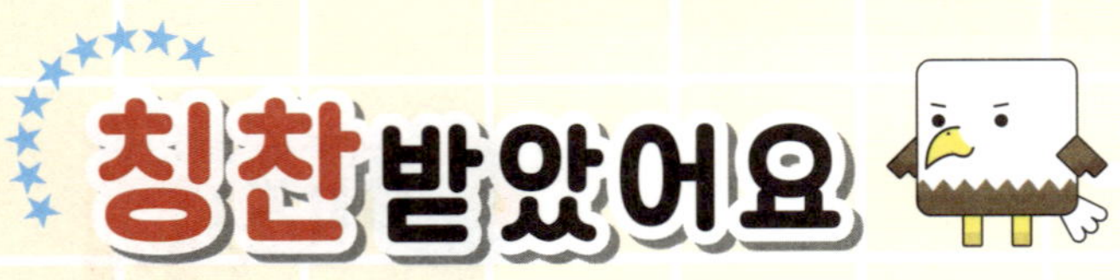

칭찬 받았어요

10
9
8
11
22
7
23
21
12
29
20
6
24
30
28
5
13
25
19
14
26
27
4
18
15
17
3
16
2
1

초등학교 　　　학년 　　　반 　　이름

차례

주판의 구조와 기초 학습

주판 각 부분의 이름과 구조

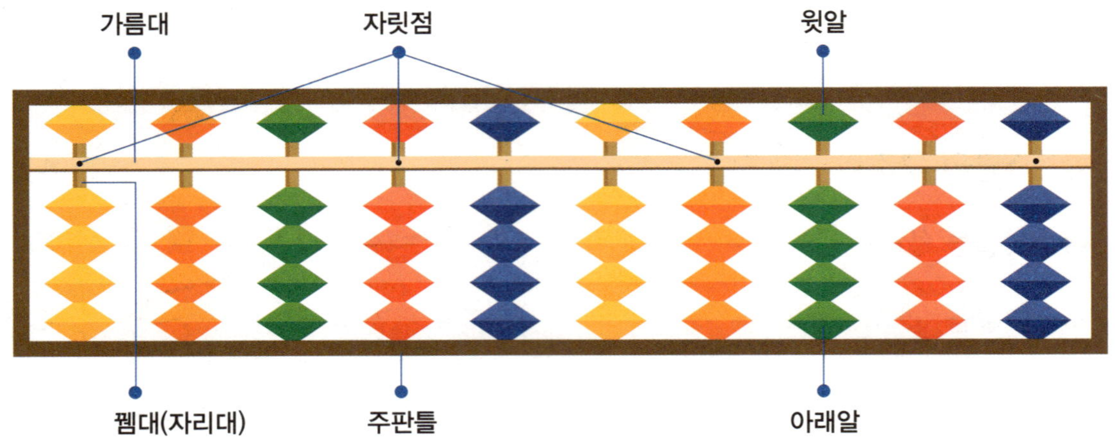

- **아래알** 가름대 아래에 있는 주판알을 말하며 한 알은 1을 나타냅니다.
- **윗 알** 가름대 위에 있는 주판알을 말하며 한 알은 5를 나타냅니다.
- **가름대** 아래알과 윗알을 가로막아 놓은 부분을 말합니다.
- **꿰 대** 주판알을 꿰고 있는 막대를 말하며, 자리대라고도 합니다.
- **자릿점** 가름대 위에 찍혀 있는 점을 말하며 수의 자리를 정하는데 사용됩니다.
- **주판틀** 주판을 감싸고 있는 테두리 전체를 말합니다.

주판 잡는 법과 주판알 정리

주판을 잡을 때는 주판의 왼쪽 부분을
왼손으로 잡는데 엄지로는 주판틀 아랫부분을,
나머지 손가락으로는 주판틀 윗부분을 가볍게
감싸 쥡니다.

주판알을 정리할 때는 오른손 엄지와 검지를
오른쪽 가름대 끝에 가볍게 대고 가름대를 쥐듯
왼쪽으로 밀어줍니다.

± 연필 잡는법

연필을 잡는 정해진 방법은 없으나, 어린이의 경우 약지와 새끼손가락 사이에 끼우는 모양은 어려운 동작
이므로 막 쥐도록 합니다.

일반적인 모양   어린이에게 권하는 모양

± 주판을 놓는 바른 자세

의자에 깊숙이 앉아 허리를 바르게 폅니다.
몸은 책상에서 10cm 정도를 뗍니다.
오른팔이 주판이나 책상에 닿지 않도록 합니다.
왼쪽 팔꿈치는 가볍게 몸에 붙였다 떼었다 할 수 있도록 합니다.

± 주판의 자릿수

주판에서 일의자리는 가름대 위의 자릿점 중 하나를 선택하여 정할 수 있으며, 일의 자리를 기준으로 오른
쪽 소수 첫째 자리를 영(0)의 자리, 소수 둘째 자리를 −1의 자리, 소수 셋째 자리를 −2의 자리라고 합니다.

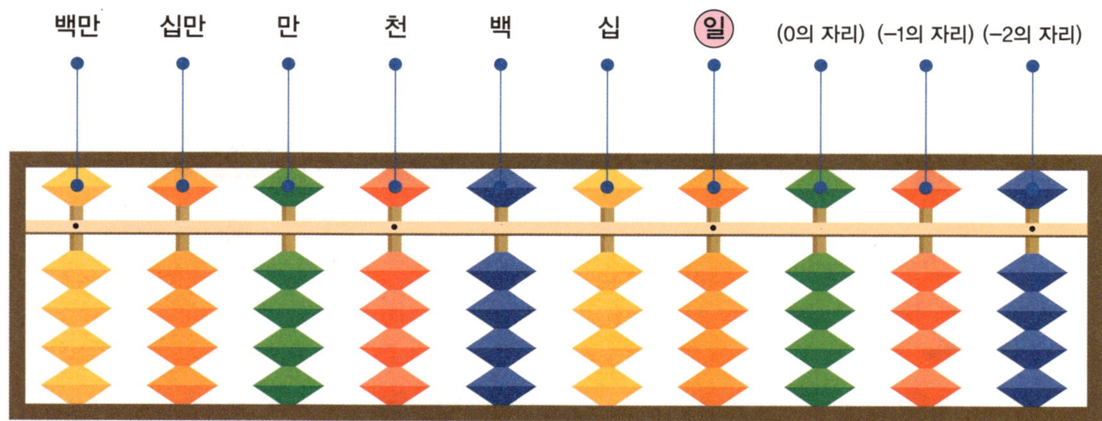

엄지와 검지의 사용법

아래알을 올리거나 내릴때는 엄지로, 윗알을 올리거나 내릴때는 검지만 사용합니다.
6, 7, 8, 9를 놓을 때는 엄지와 검지로 동시에 놓고 털어야 합니다.

엄지로 올린다.

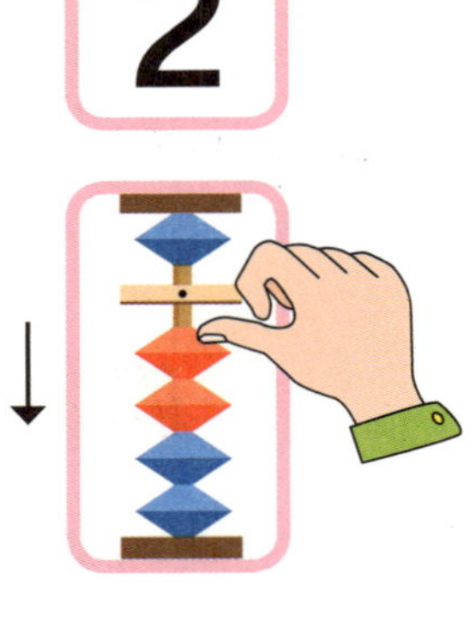

엄지로 내린다.

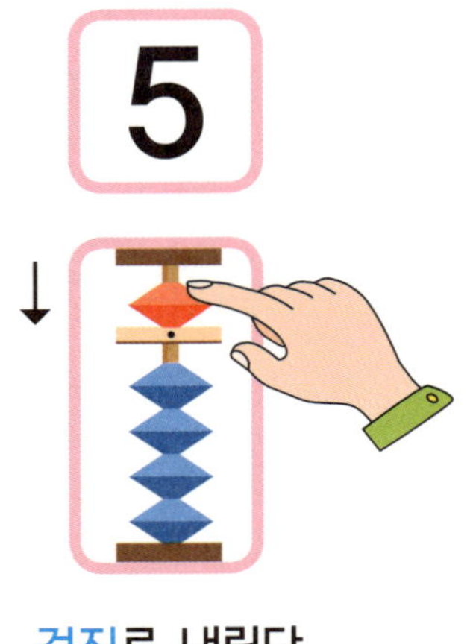

검지로 내린다.

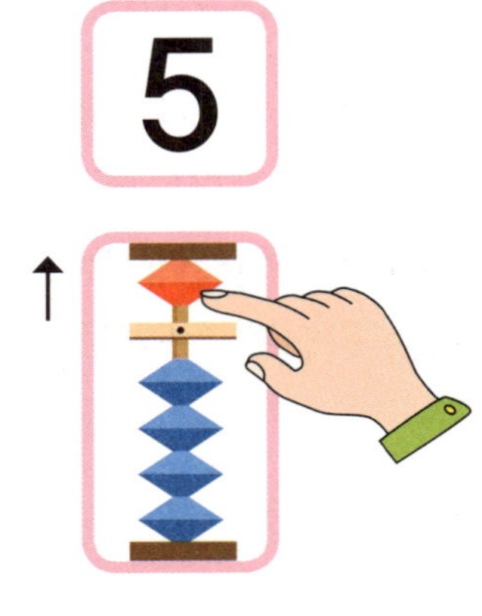

검지로 올린다.

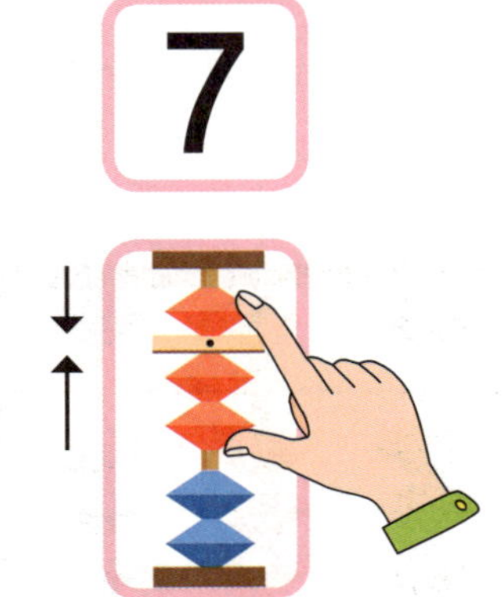

엄지와 검지로 동시에 놓는다.

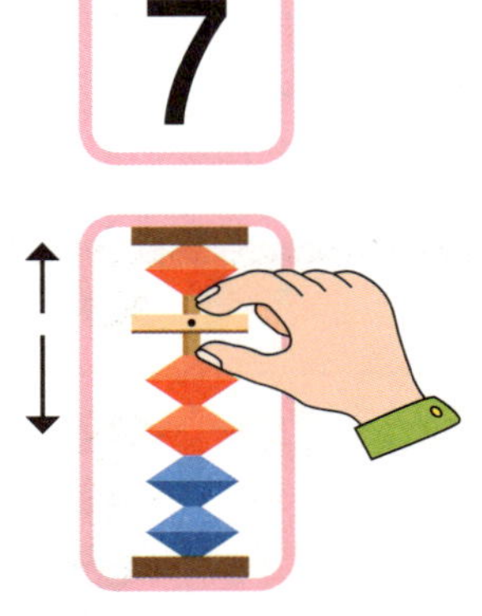

엄지와 검지로 동시에 털어낸다.

주산의 기초

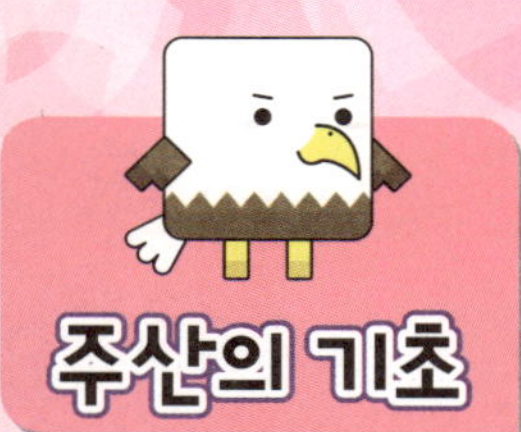

주판에 놓인 수와 손가락 사용법

운지법은 주판에 수를 놓을 때 손가락의 사용법을 말하며,
운주법은 주판알을 바르게 움직이는 방법을 말합니다.

0 1 2 3 4

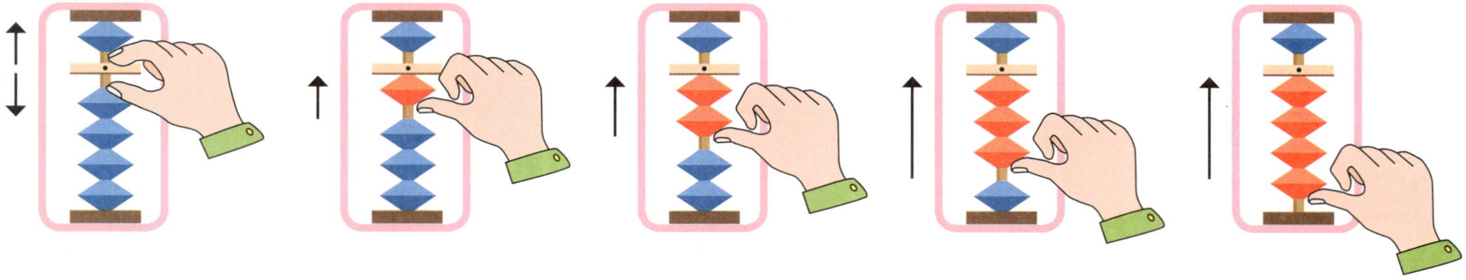

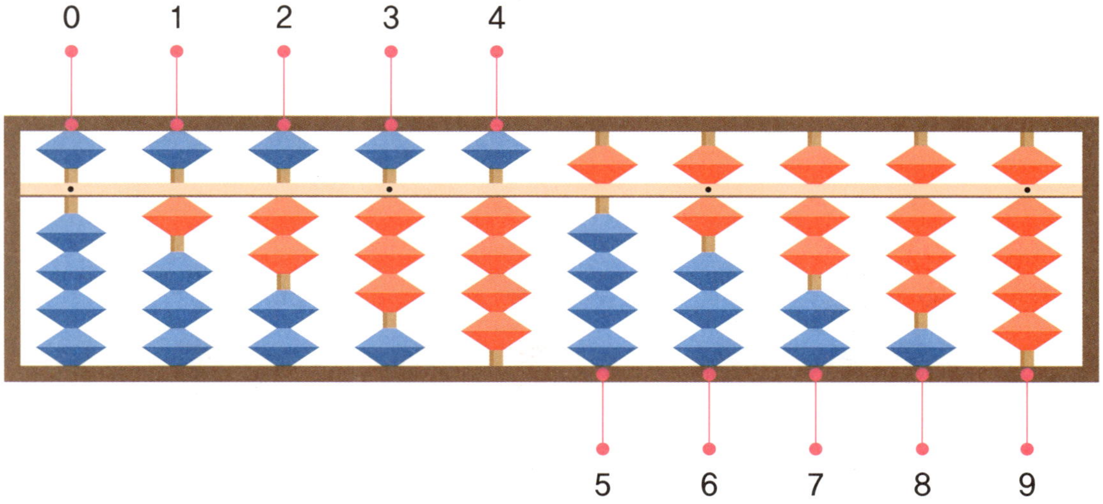

5 6 7 8 9

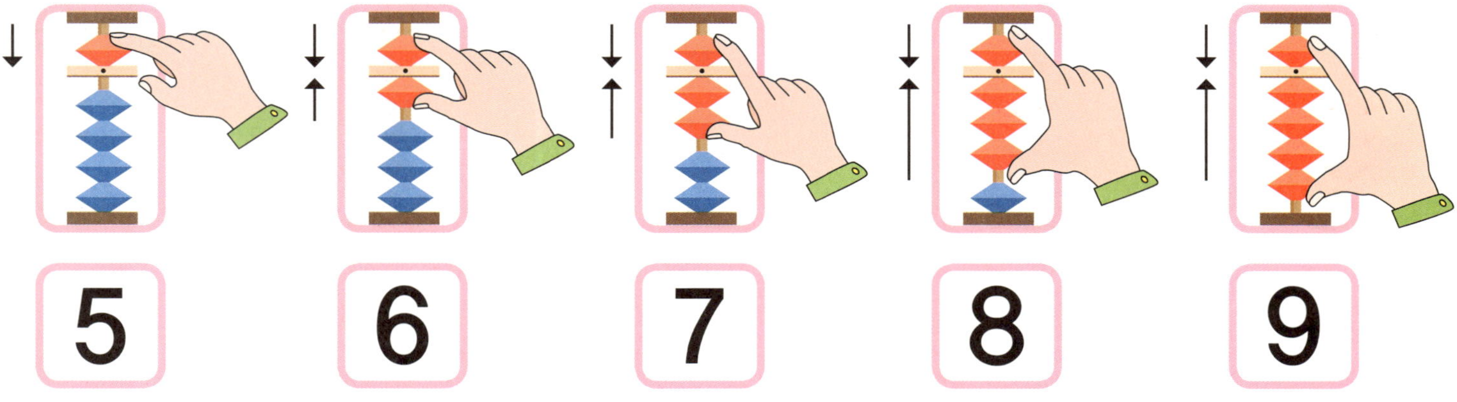

주판의 수

 주판에 놓여 있는 수를 ☐ 안에 써 넣으세요. (0~9 수)

① 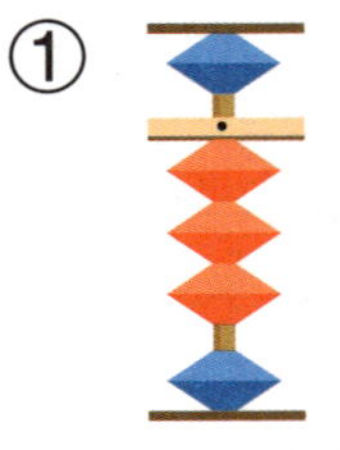

② 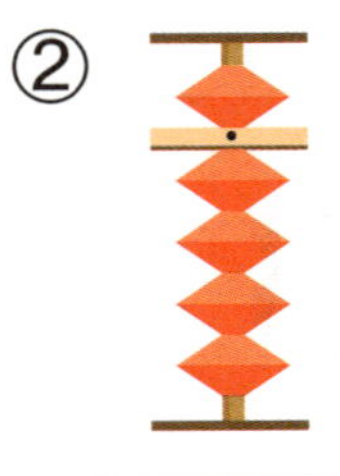

③ 

④ 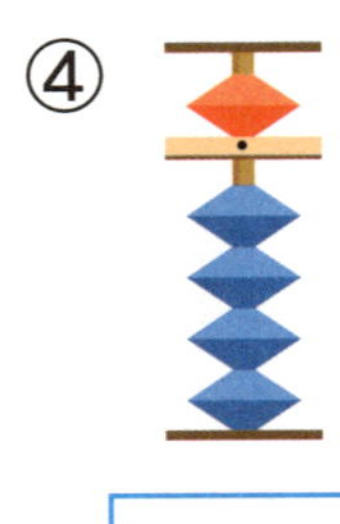

⑤ 

⑥ 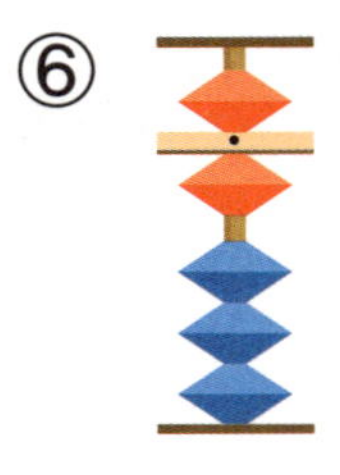

⑦ 

⑧ 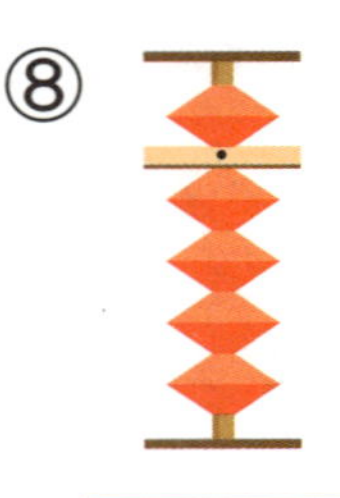

⑨ 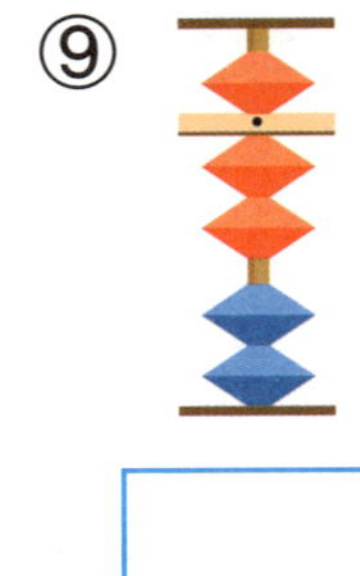

⑩ 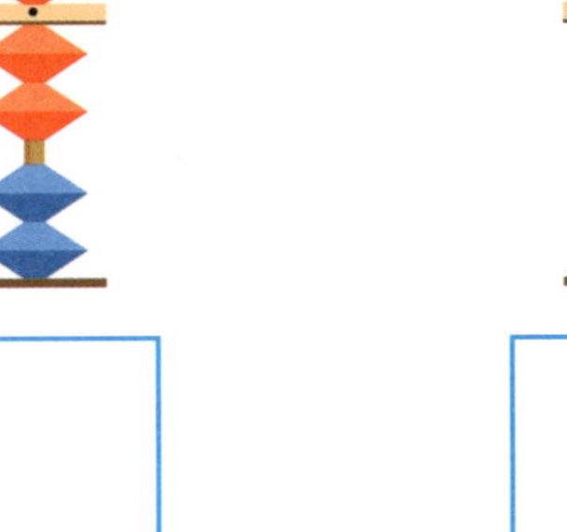
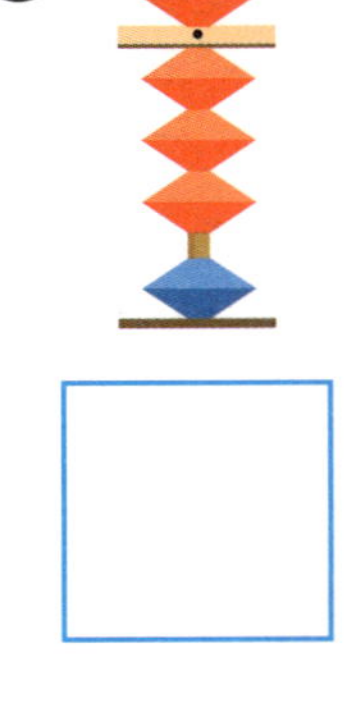

⑪ 

⑫ 

⑬ 

⑭ 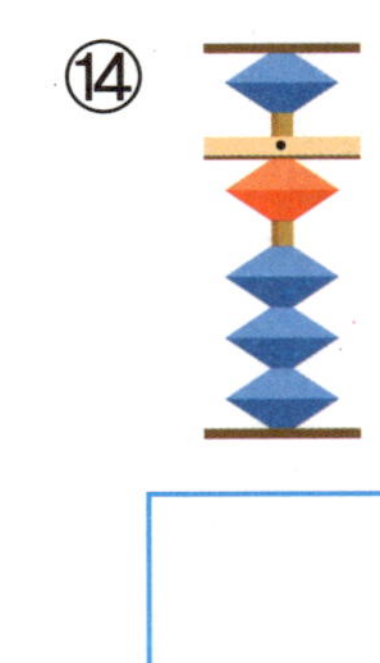

⑮ 

⑯ 

⑰ 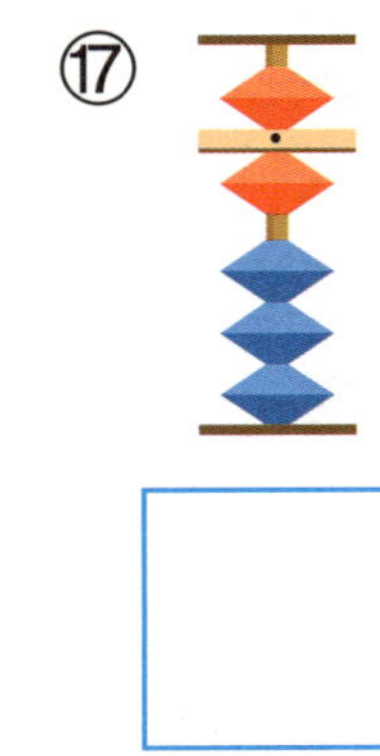

⑱ 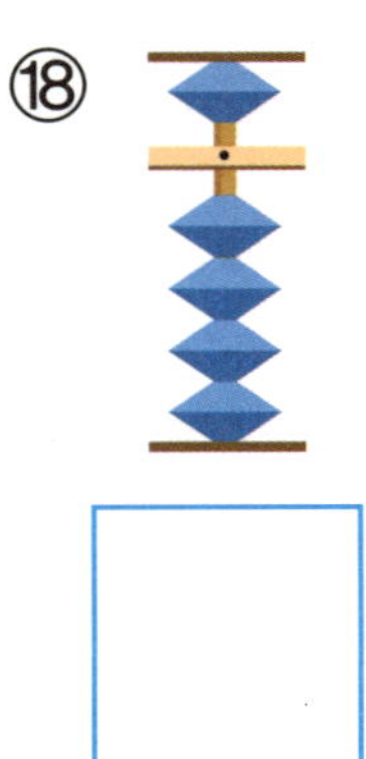

⑲ 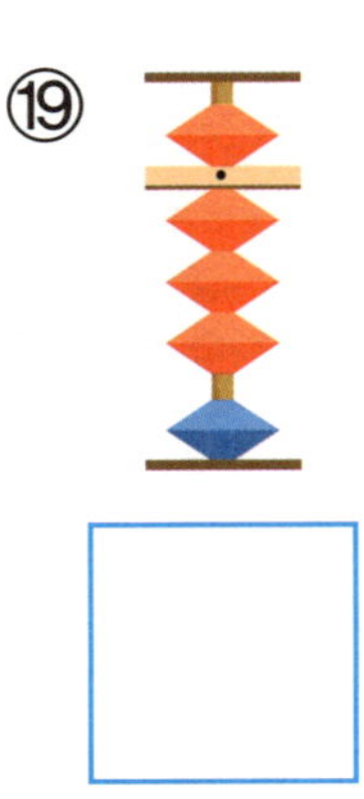

⑳ 

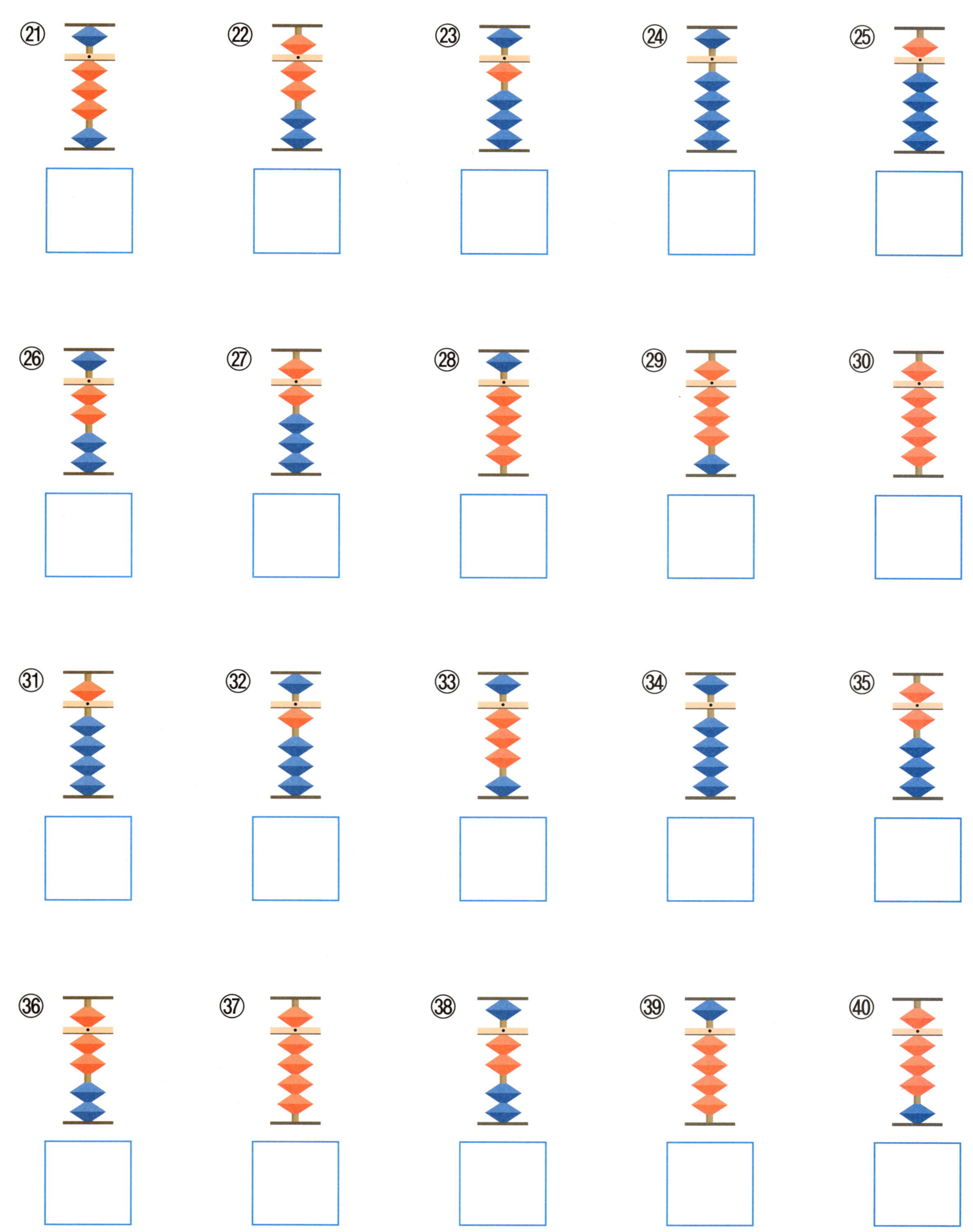

$$2 + 1 - 3 = 0$$

① 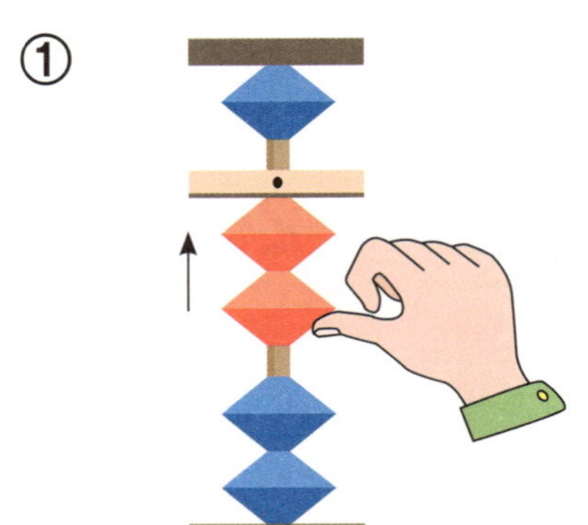

일의 자리에서 엄지로
아래알 두 알을 올린다.

② 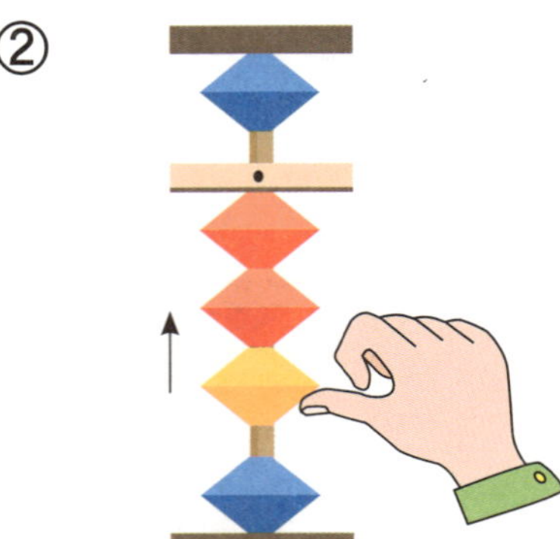

일의 자리에서 엄지로
아래알 한 알을 올린다.

③ 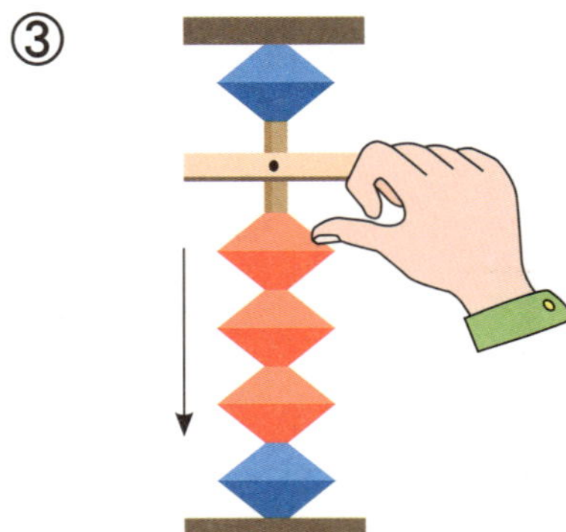

일의 자리에서 엄지로
아래알 세 알을 내린다.

1	2	3	4	5	6	7	8
1	1	2	1	3	1	2	2
1	0	1	1	1	2	0	0
2	2	1	1	0	1	1	2

9	10	11	12	13	14	15	16
2	1	2	4	4	2	4	3
−1	3	1	−4	−2	2	−1	−2
2	−2	−3	3	1	−3	1	3

1	2	3	4	5	6	7	8
1	2	1	3	4	2	1	2
3	1	1	1	−3	1	3	1
−3	−2	2	−4	2	−1	−4	−2
2	3	−1	1	1	1	2	1

9	10	11	12	13	14	15	16
4	2	4	3	2	1	4	2
−4	2	−3	1	−1	2	−2	2
2	−1	2	−2	3	−3	1	−4
2	1	−2	1	−1	2	1	2

17	18	19	20	21	22	23	24
2	3	4	2	3	1	3	3
2	−2	−3	−1	−1	3	−1	−2
−1	1	1	3	1	−4	2	2
−2	2	−1	−1	−1	1	−3	−1

$$1 + 5 - 5 = 1$$

① 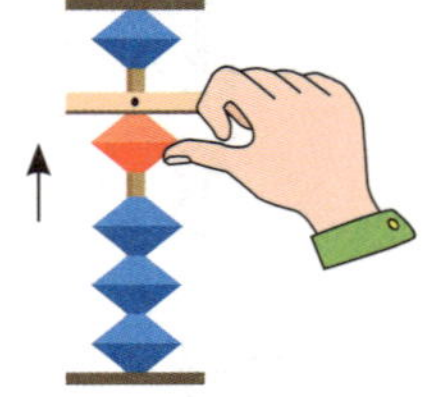
일의 자리에서 엄지로
아래알 한 알을 올린다.

② 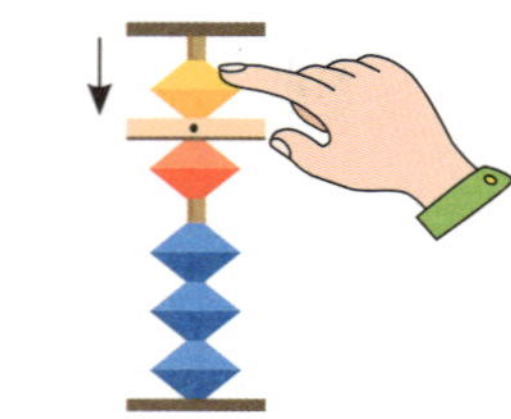
일의 자리에서 검지로
윗알을 내린다.

③ 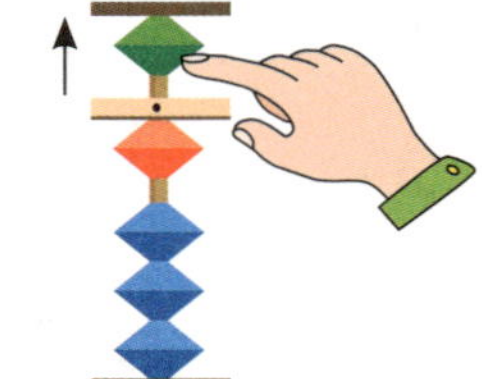
일의 자리에서 검지로
윗알을 올린다.

$$1 + 6 - 6 = 1$$

① 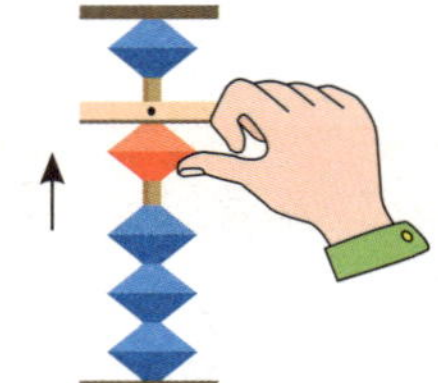
일의 자리에서 엄지로
아래알 한 알을 올린다.

② 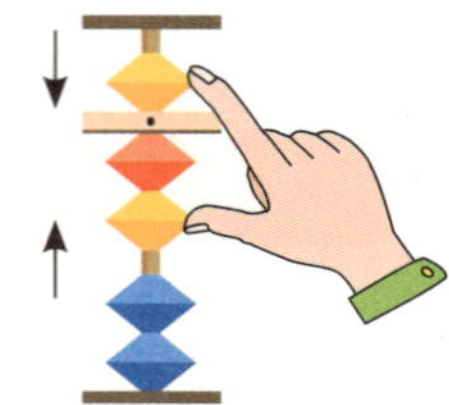
일의 자리에서 검지로 윗알을 내리는
동시에 엄지로 아래알 한 알을 올린다.

③ 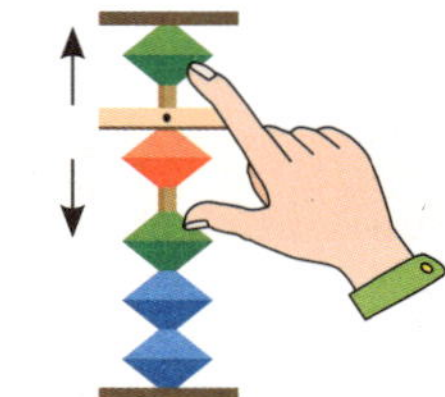
일의 자리에서 검지로 윗알을 올리는
동시에 엄지로 아래알 한 알을 내린다.

$$2 + 7 - 7 = 2$$

① 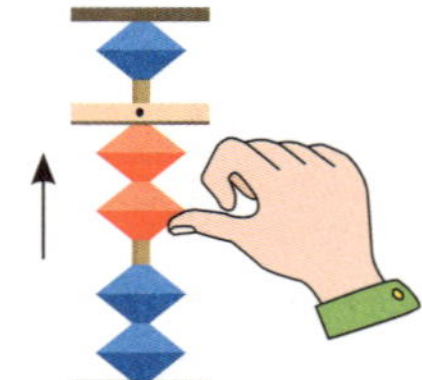
일의 자리에서 엄지로
아래알 두 알을 올린다.

② 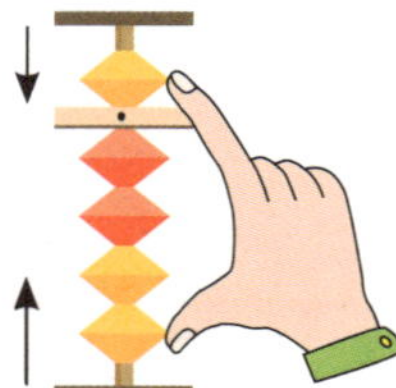
일의 자리에서 검지로 윗알을 내리는
동시에 엄지로 아래알 두 알을 올린다.

③ 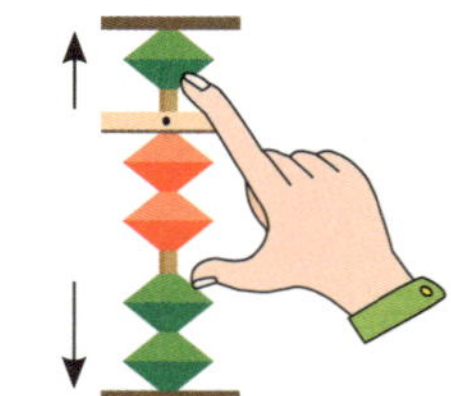
일의 자리에서 검지로 윗알을 올리는
동시에 엄지로 아래알 두 알을 내린다.

$$1 + 8 - 8 = 1$$

① 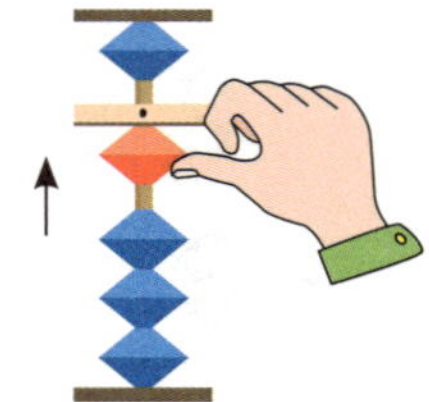
일의 자리에서 엄지로
아래알 한 알을 올린다.

② 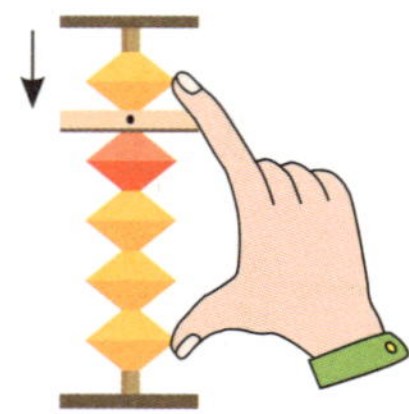
일의 자리에서 검지로 윗알을 내리는
동시에 엄지로 아래알 세 알을 올린다.

③ 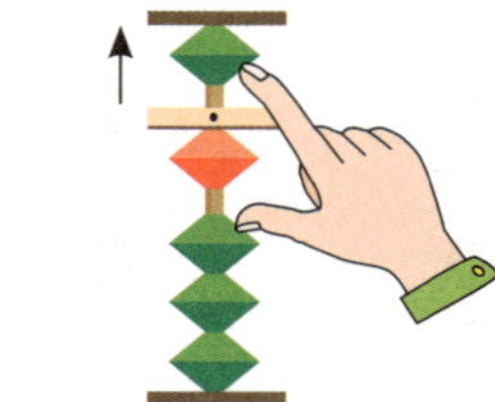
일의 자리에서 검지로 윗알을 올리는
동시에 엄지로 아래알 세 알을 내린다.

1	2	3	4	5	6	7	8
5	3	1	6	7	1	8	9
1	5	6	2	2	7	1	0

9	10	11	12	13	14	15	16
5	1	5	2	6	1	7	8
2	5	1	6	0	7	1	0
1	1	2	1	1	1	0	1

17	18	19	20	21	22	23	24
3	5	6	6	7	8	2	9
5	4	−6	3	1	−7	7	−9
−5	−5	4	−6	−7	5	−8	5

1	2	3	4	5	6	7	8
3	5	2	2	1	4	2	5
5	2	5	1	5	5	5	1
−5	1	−5	5	2	−5	2	1
1	−5	2	−5	−5	0	−5	−5

9	10	11	12	13	14	15	16
7	3	2	5	2	8	2	9
2	5	6	4	7	1	6	−9
−6	−6	−6	−7	−7	−8	−8	2
5	2	1	5	6	3	5	6

17	18	19	20	21	22	23	24
4	3	9	2	1	5	2	6
5	6	−8	7	7	1	6	3
−6	−7	5	−9	−6	−5	−8	−9
5	7	3	6	5	8	5	7

1	2	3	4	5	6	7	8
4	2	6	5	8	9	7	3
5	7	−5	4	−6	−9	2	6
−7	−6	5	−8	6	2	−7	−8
6	5	1	8	1	6	7	3

9	10	11	12	13	14	15	16
6	7	8	5	9	2	8	4
−5	2	−6	1	−8	6	1	5
2	−9	2	3	2	−7	−9	−8
6	6	5	−7	1	5	3	7

17	18	19	20	21	22	23	24
4	3	8	2	9	5	6	7
5	5	−7	6	−8	4	3	2
−6	−7	6	−5	5	−9	−4	−8
5	8	1	5	3	6	3	5

 **두자리수 알아보기**

 그림에 따라 주판을 놓아 보아요.

10 (십) 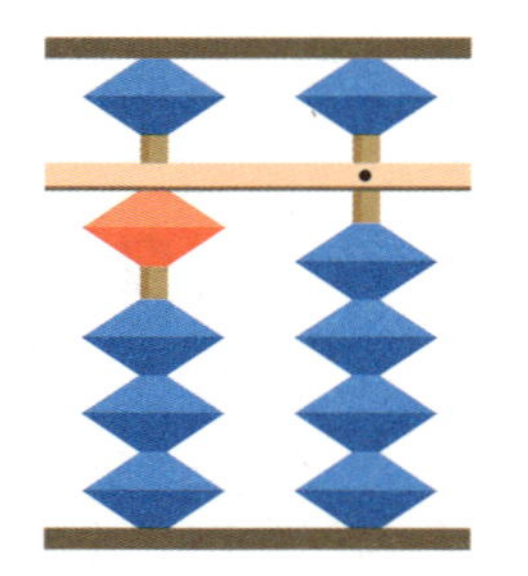	**11** (십일) 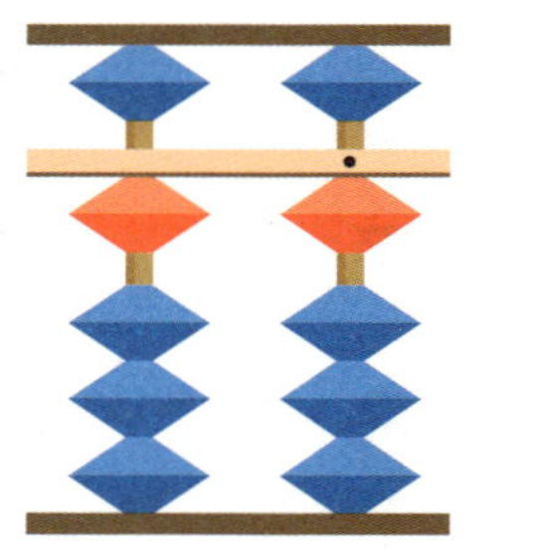
12 (십이) 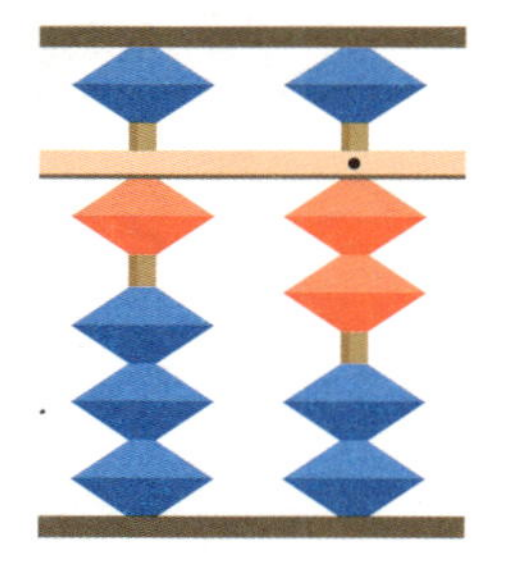	**13** (십삼) 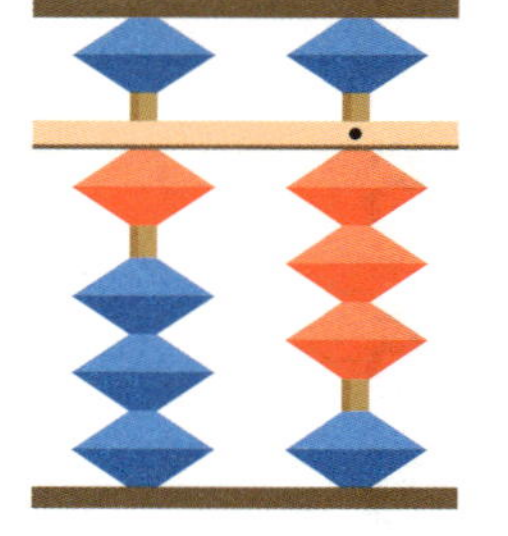
14 (십사) 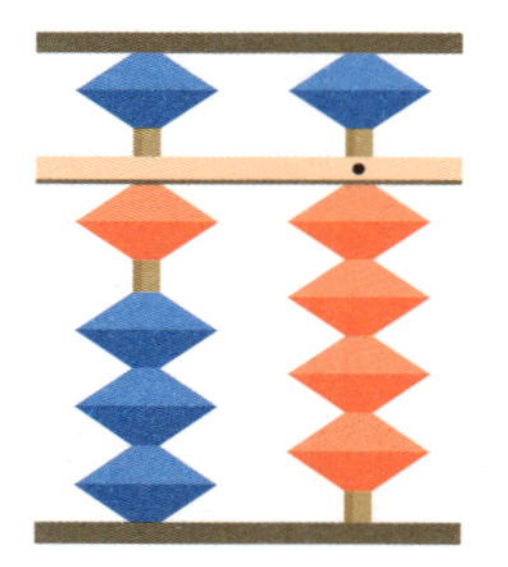	**15** (십오) 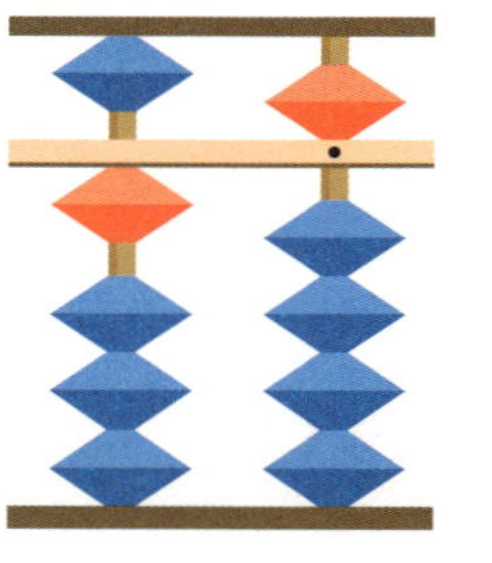
16 (십육) 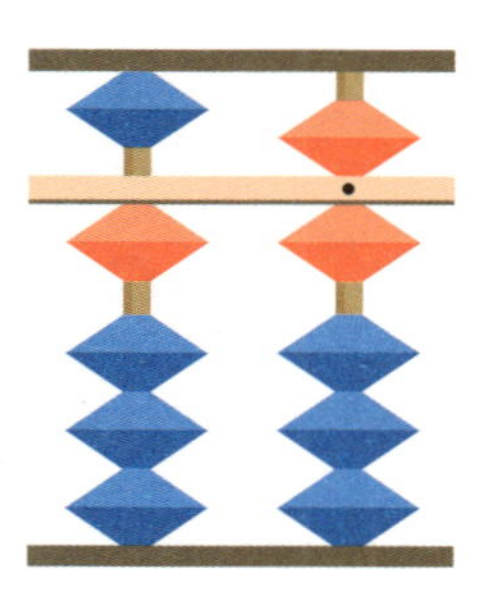	**17** (십칠) 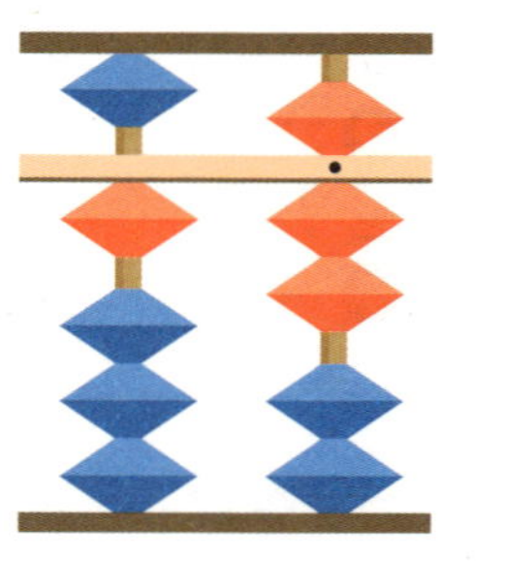

첫 걸음 ③ 주판으로 해 보세요.

18
(십팔) 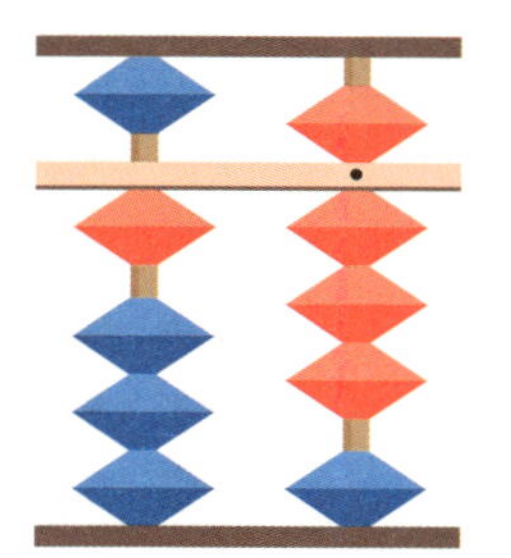

19
(십구) 

20
(이십) 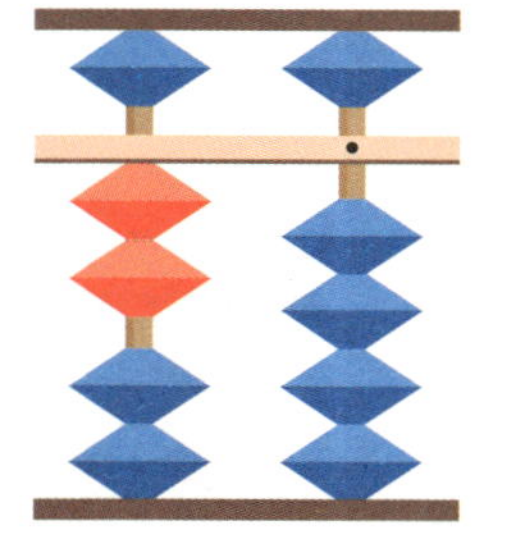

30
(삼십) 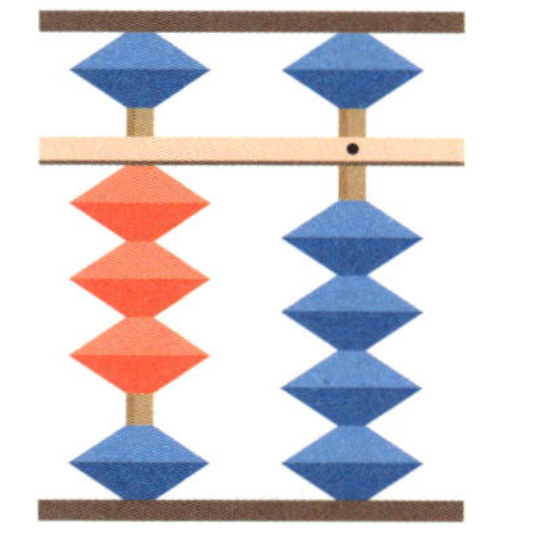

40
(사십) 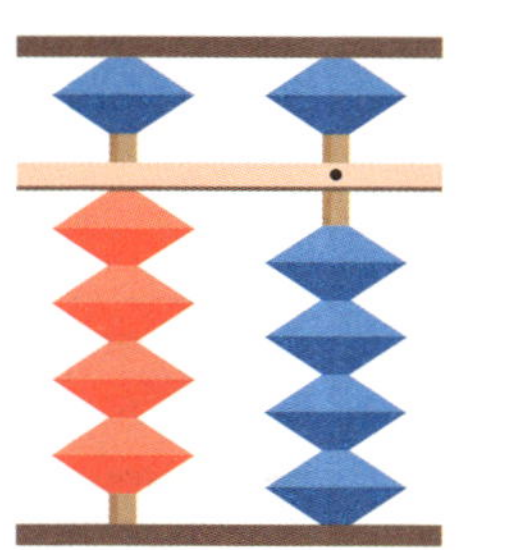

50
(오십) 

60
(육십) 

70
(칠십) 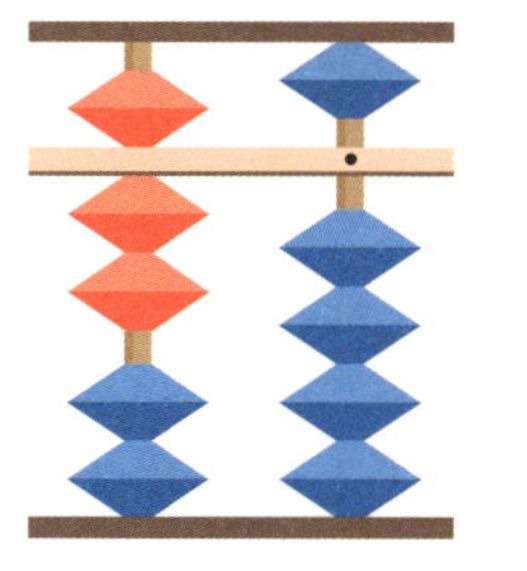

80
(팔십) 

90
(구십) 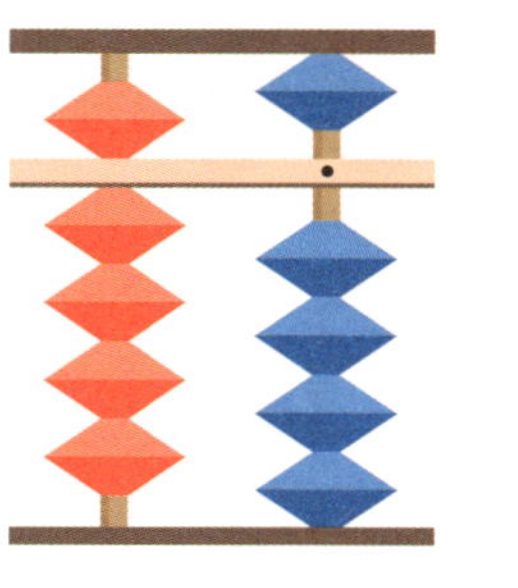

안에 주판 그림에 알맞은 수를 써 넣으세요.

1 	2 	3 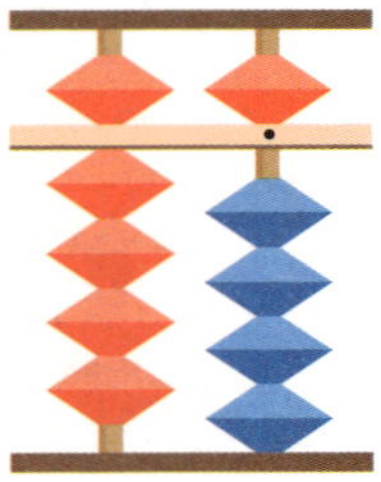	4 	5 

6 	7 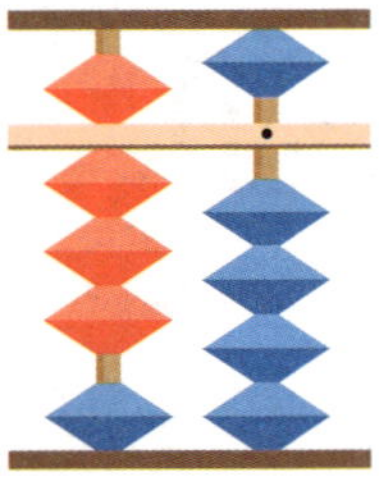	8 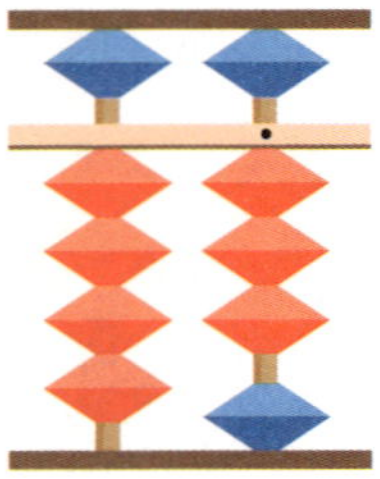	9 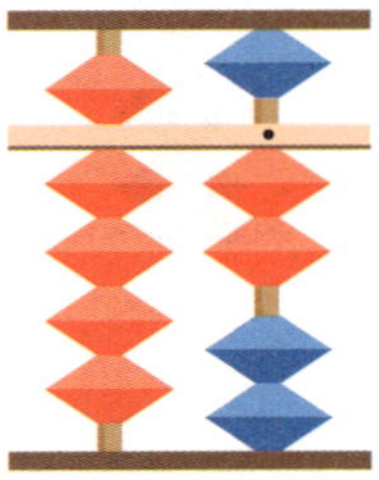	10 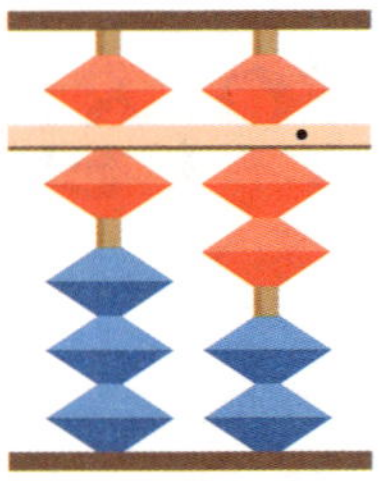

11 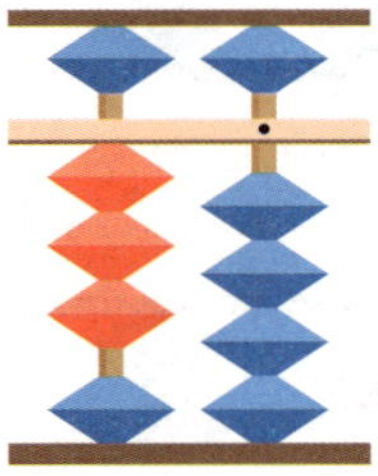	12 	13 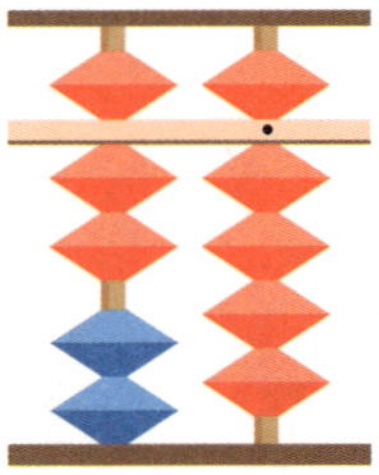	14 	15 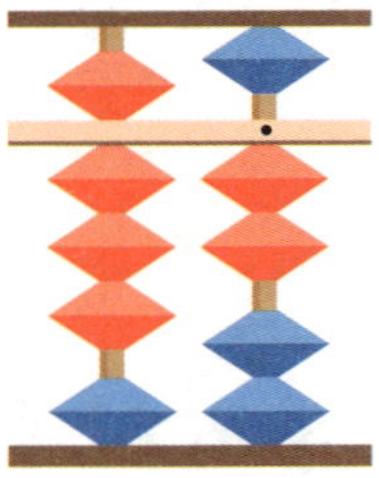

16 	17 	18 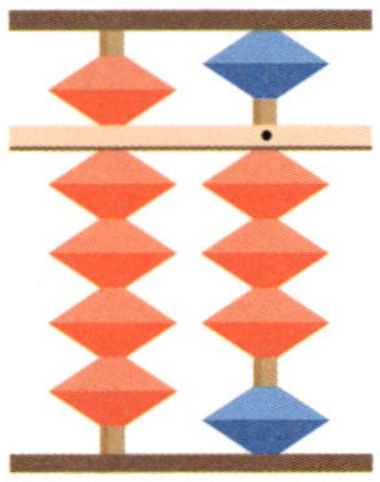	19 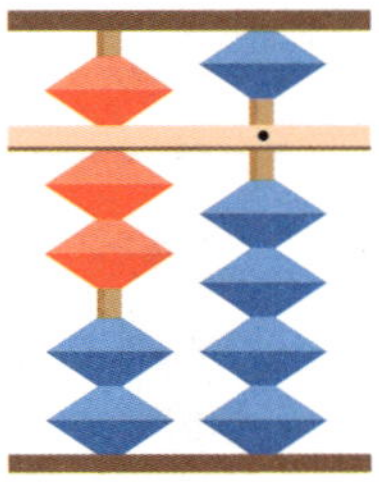	20 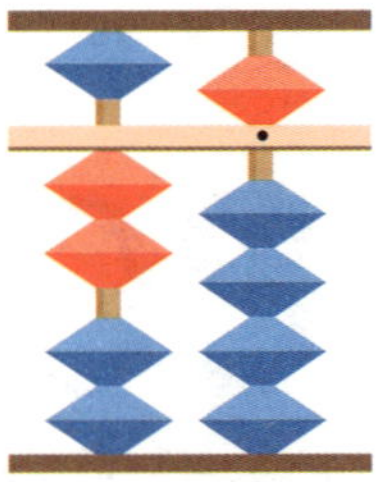

안에 주판 그림에 알맞은 수를 써 넣으세요.

1	2	3	4	5

6	7	8	9	10

11	12	13	14	15

16	17	18	19	20

1	2	3	4	5	6	7	8
20	30	10	50	70	80	40	60
10	−20	30	40	20	−70	50	30
−10	20	−30	−50	−60	50	−80	−40

9	10	11	12	13	14	15	16
23	37	30	48	67	25	39	56
11	12	19	−7	10	−5	−8	13
−2	−4	−3	50	−6	14	52	−9

17	18	19	20	21	22	23	24
22	33	11	44	66	55	88	77
11	−11	33	−33	−11	44	−33	22
−22	22	−44	22	33	−77	44	−99
33	−22	33	−33	−55	11	−88	55

더하려는 자리에서 더할 수 없을 때에는
십의자리 자리에 1을 더해주고
더하려는 자리에서 보수를 빼줍니다.

1 가르기를 이용하여 ☐ 안에 알맞은 수를 써 넣으시오

① 10 → 1, ☐
② 10 → 2, ☐
③ 10 → 3, ☐
④ 10 → 4, ☐
⑤ 10 → 5, ☐
⑥ 10 → 6, ☐
⑦ 10 → 7, ☐
⑧ 10 → 8, ☐
⑨ 10 → 9, ☐
⑩ 10 → 0, ☐

2 모으기를 이용하여 빈칸에 알맞은 수를 써 넣으시오

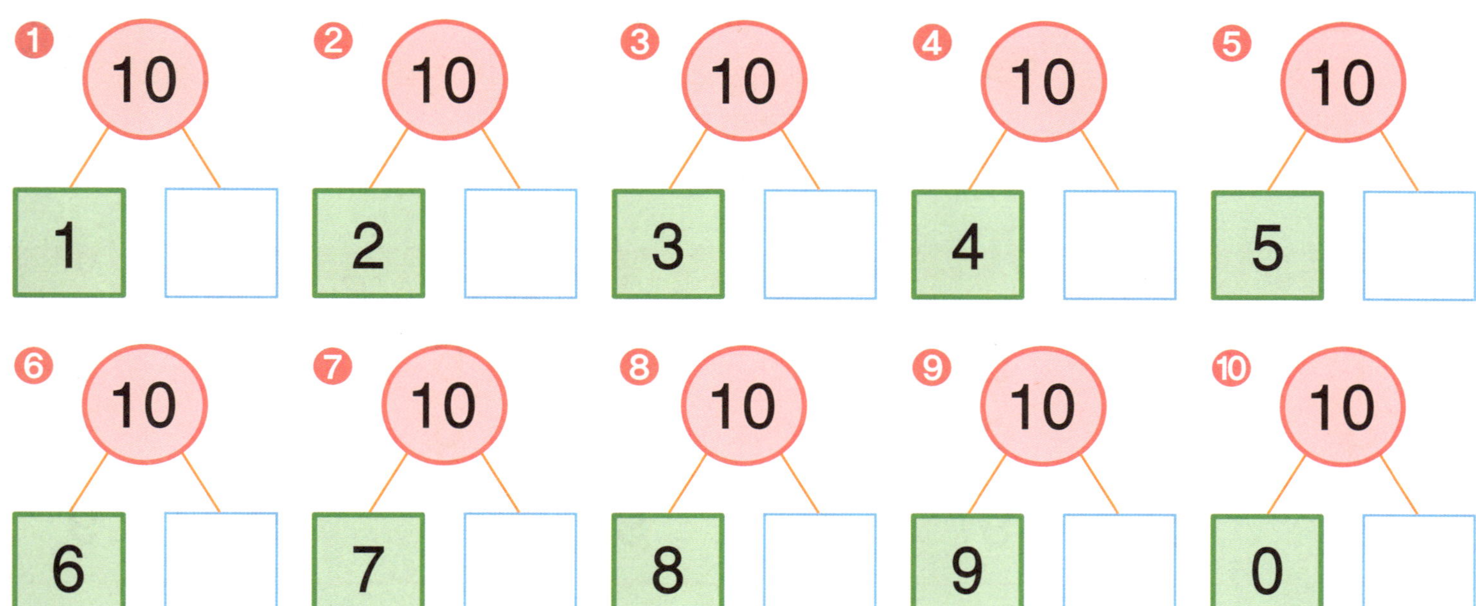

① 3, ☐ → 10
② 9, ☐ → 10
③ 4, ☐ → 10
④ 5, ☐ → 10
⑤ 8, ☐ → 10

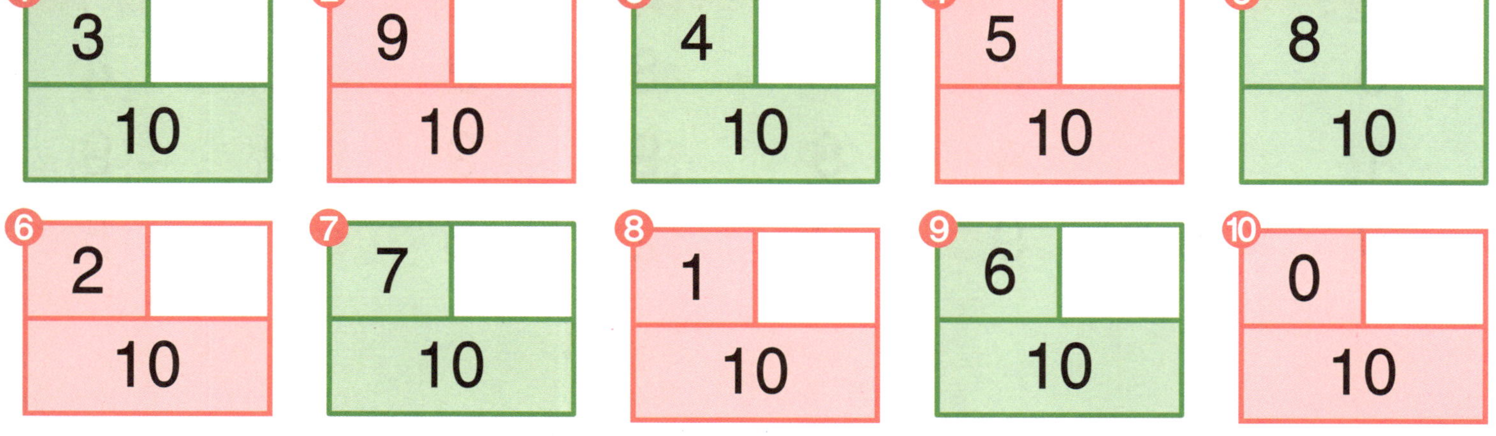

⑥ 2, ☐ → 10
⑦ 7, ☐ → 10
⑧ 1, ☐ → 10
⑨ 6, ☐ → 10
⑩ 0, ☐ → 10

10을 활용한 9의 덧셈

주판으로 해 보세요.

$$4 + 9 = 13$$

① 일의 자리에서
엄지로 4를 놓는다.

② 4에다 9를 더할 수 없으므로
앞의자리(십의자리)에 1을 더해주고

③ 일의 자리에서 9의 보수
1을 빼준다.

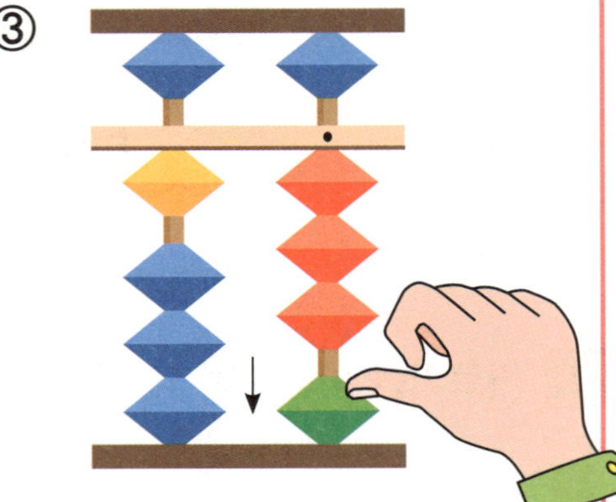

1	2	3	4	5	6	7	8
1	4	5	3	7	6	2	8
9	9	2	9	1	9	5	1
3	5	9	6	9	3	9	9

9	10	11	12	13	14	15	16
6	3	5	7	8	2	9	4
1	5	4	9	9	9	9	9
9	9	9	3	2	6	1	5

10을 활용한 9의 덧셈

주판으로 해 보세요.

1	2	3	4	5	6	7	8
2	5	7	3	4	1	3	2
9	3	9	9	5	9	5	5
5	9	3	5	9	2	1	9
1	2	9	2	1	5	9	3

9	10	11	12	13	14	15	16
6	2	7	5	1	7	3	8
2	9	1	2	9	2	9	9
1	5	9	9	4	9	2	1
9	9	2	3	9	1	5	1

17	18	19	20	21	22	23	24
2	5	4	2	6	3	1	4
2	4	9	6	9	9	6	9
9	9	6	9	3	1	9	1
1	1	9	2	1	9	2	5

주판으로 해 보세요.

1	2	3	4	5	6	7	8
4	3	7	2	6	1	3	8
9	1	9	9	3	9	5	9
5	9	1	6	9	2	9	2
1	5	9	9	1	9	2	9
9	9	3	3	9	6	9	1

9	10	11	12	13	14	15	16
3	6	2	4	7	1	8	5
6	9	6	9	2	9	9	1
9	2	9	5	9	6	2	9
1	9	2	9	1	3	9	4
9	1	9	2	9	9	1	9

17	18	19	20	21	22	23	24
4	3	2	1	5	8	7	3
5	1	9	9	4	1	1	9
9	9	5	8	9	9	9	5
1	6	1	9	1	9	2	9
9	9	9	2	9	2	9	1

1 다음 문제를 암산으로 계산해 보세요(심산판을 사용해 보세요)

❶ $\begin{array}{r} 4 \\ +\ 9 \\ \hline \end{array}$ ❷ $\begin{array}{r} 2 \\ +\ 9 \\ \hline \end{array}$ ❸ $\begin{array}{r} 6 \\ +\ 9 \\ \hline \end{array}$ ❹ $\begin{array}{r} 1 \\ +\ 9 \\ \hline \end{array}$ ❺ $\begin{array}{r} 3 \\ +\ 9 \\ \hline \end{array}$

❻ 4 + 9 + 5 = ☐   ❽ 8 + 9 + 2 = ☐

❼ 2 + 2 + 9 = ☐   ❾ 3 + 5 + 9 = ☐

2 빈칸에 알맞은 수를 써 넣으세요

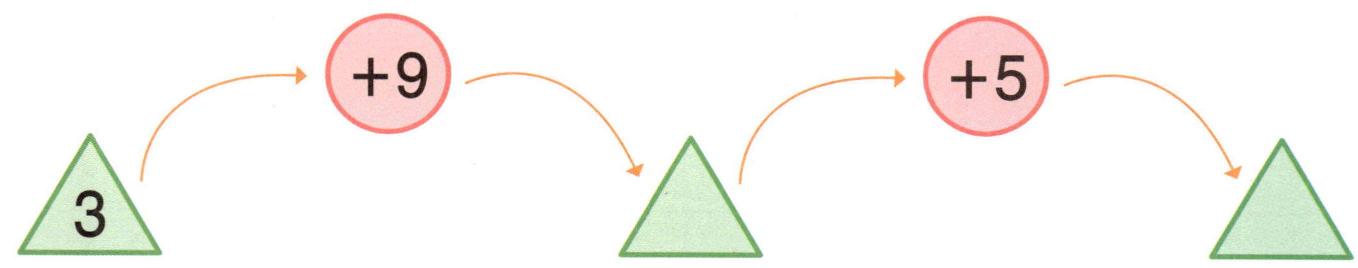

3 다음 문제를 암산으로 계산해 보세요(심산판을 사용해 보세요)

1	2	3	4	5	6	7	8	9	10
1	4	2	3	5	6	8	7	5	9
9	9	9	9	2	9	1	9	4	9
3	1	2	2	9	4	9	1	9	1

주판으로 해 보세요.

$$2 + 8 = 10$$

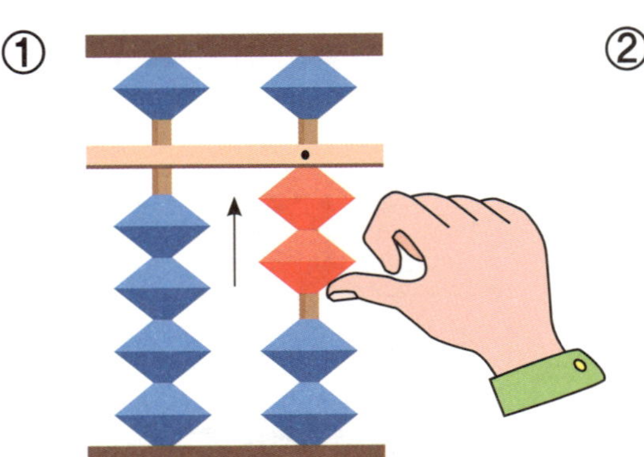

① 일의 자리에서
엄지로 2를 놓는다.

② 2에다 8을 더할 수 없으므로
앞에자리(십의자리)에 1을 더해주고

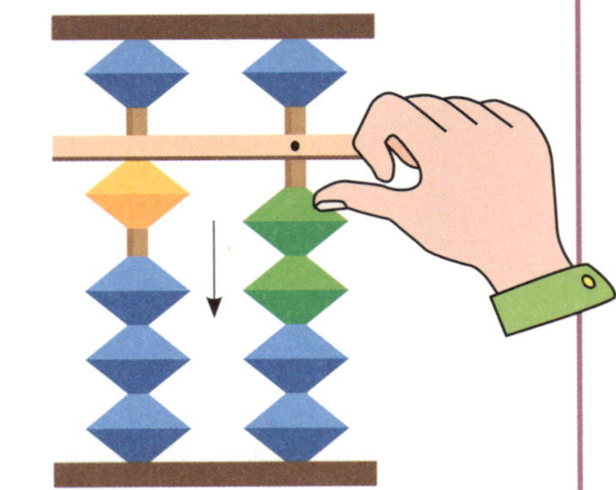

③ 일의 자리에서 8의 보수
2를 빼준다.

1	2	3	4	5	6	7	8
2	4	3	1	5	7	8	2
8	8	8	3	2	8	8	5
5	2	5	8	8	1	2	8

9	10	11	12	13	14	15	16
5	1	2	4	6	3	7	8
4	7	2	5	2	6	8	1
8	8	8	8	8	6	4	8

10을 활용한 8의 덧셈

주판으로 해 보세요.

1	2	3	4	5	6	7	8
2	6	3	7	4	9	1	5
2	3	5	1	8	8	6	2
8	8	8	8	5	2	8	8
5	2	1	3	2	8	3	4

9	10	11	12	13	14	15	16
8	2	6	4	3	7	1	5
1	6	2	8	5	9	3	3
8	8	8	2	8	1	8	9
2	3	1	5	2	8	5	2

17	18	19	20	21	22	23	24
5	2	4	7	3	6	4	3
4	9	5	8	6	9	5	1
8	3	8	4	8	4	8	8
1	8	2	8	2	8	2	6

1	2	3	4	5	6	7	8
4	7	3	6	1	2	8	5
8	8	9	3	9	6	9	3
5	3	2	8	7	8	2	8
2	9	8	2	1	3	8	1
9	2	5	9	8	9	2	9

9	10	11	12	13	14	15	16
6	2	4	1	3	7	5	6
9	5	8	5	6	8	2	2
2	8	5	9	8	1	8	9
8	3	8	4	1	9	4	1
4	9	3	8	9	3	8	8

17	18	19	20	21	22	23	24
3	9	4	5	7	2	6	2
8	8	9	2	8	7	1	8
6	2	1	8	3	8	8	4
8	9	8	3	8	1	3	5
2	1	5	9	2	9	8	8

1 다음 문제를 암산으로 계산해 보세요(심산판을 사용해 보세요)

❶
$$3 + 8$$

❷
$$9 + 8$$

❸
$$7 + 8$$

❹
$$4 + 8$$

❺
$$2 + 9$$

❻ $2 + 8 + 4 =$

❽ $8 + 1 + 8 =$

❼ $6 + 9 + 3 =$

❾ $3 + 6 + 8 =$

2 빈칸에 알맞은 수를 써 넣으세요

❶
 $+8$

7 →

❷
 $+8$

14 →

3 다음 문제를 암산으로 계산해 보세요(심산판을 사용해 보세요)

1	2	3	4	5	6	7	8	9	10
2	3	4	5	3	6	8	1	7	9
8	8	8	2	5	2	9	8	2	8
4	2	2	8	8	8	2	8	8	1

$$4 + 7 = 11$$

① 일의 자리에서 엄지로 4를 놓는다.

② 4에다 7을 더할 수 없으므로 앞의자리(십의자리)에 1을 더해주고

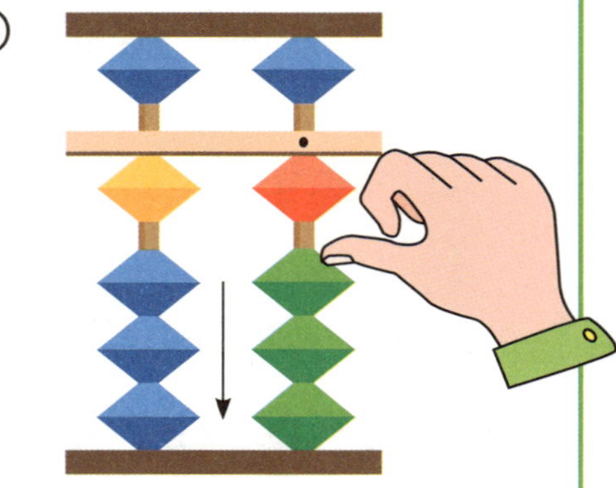

③ 일의 자리에서 7의 보수 3를 빼준다.

1	2	3	4	5	6	7	8
3	4	2	3	1	5	7	9
7	7	1	5	8	3	2	7
2	5	7	7	7	7	7	3

9	10	11	12	13	14	15	16
4	2	1	8	3	5	6	3
7	6	3	1	7	4	9	1
6	7	7	7	5	7	4	7

10을 활용한 7의 덧셈

주판으로 해 보세요.

1	2	3	4	5	6	7	8
3	7	3	8	4	9	5	3
7	1	6	7	7	7	4	5
2	7	7	4	5	2	7	7
5	4	2	7	2	1	3	2

9	10	11	12	13	14	15	16
8	5	3	2	7	6	4	9
7	2	6	2	8	2	9	7
3	8	7	7	4	7	1	2
1	3	2	3	7	3	7	7

17	18	19	20	21	22	23	24
6	3	2	4	7	5	1	3
3	1	6	7	2	3	8	7
7	7	7	1	7	7	7	8
9	5	2	6	9	4	2	7

1	2	3	4	5	6	7	8
8	2	5	7	3	6	4	7
7	6	2	8	7	3	7	1
4	7	9	3	2	7	5	7
7	3	3	7	6	2	9	4
2	9	7	2	9	8	3	7

9	10	11	12	13	14	15	16
5	4	8	9	2	7	3	6
4	5	1	8	9	2	6	3
7	7	9	2	3	9	8	7
3	3	7	7	7	1	2	3
8	7	4	1	5	7	7	8

17	18	19	20	21	22	23	24
3	9	4	2	6	8	1	7
7	7	5	1	2	7	3	2
8	3	7	7	7	3	7	7
1	7	2	8	2	9	2	3
9	2	8	9	8	2	9	8

1 다음 문제를 암산으로 계산해 보세요(심산판을 사용해 보세요)

① $4 + 7$ 　　② $8 + 7$ 　　③ $3 + 8$ 　　④ $9 + 7$ 　　⑤ $6 + 9$

⑥ $9 + 7 + 2 =$ 　　⑧ $7 + 8 + 4 =$

⑦ $3 + 6 + 7 =$ 　　⑨ $4 + 5 + 7 =$

2 모양이 같은 수끼리 더한 값을 구하세요

 △ 8 　　○ 5 　　□ 9 　　△ 7 　　➡

3 다음 문제를 암산으로 계산해 보세요(심산판을 사용해 보세요)

1	2	3	4	5	6	7	8	9	10
3	4	2	5	9	2	7	8	6	5
7	7	2	3	7	6	2	1	3	1
4	2	7	7	3	7	7	7	8	9

10을 활용한 6의 덧셈 주판으로 해 보세요.

$$9 + 6 = 15$$

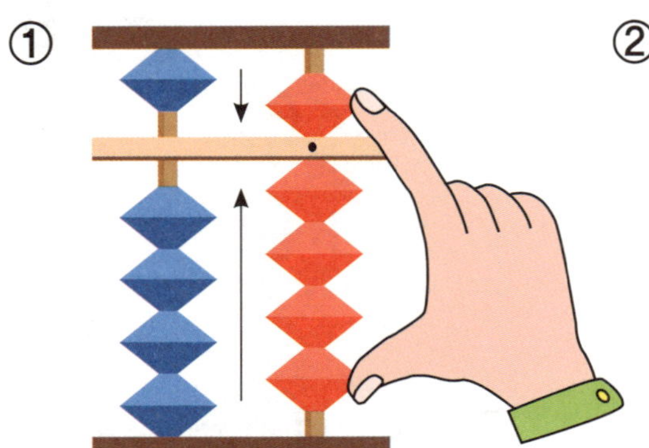

① 일의 자리에서
엄지와 검지로 9를 놓는다.

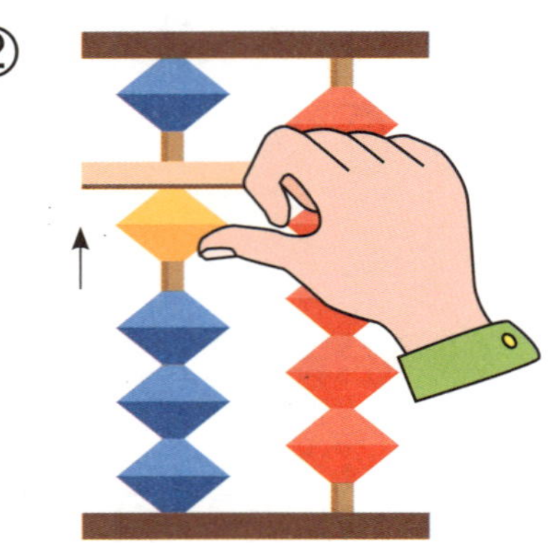

② 9에다 6을 더할 수 없으므로
앞에자리(십의자리)에 1을 더해주고

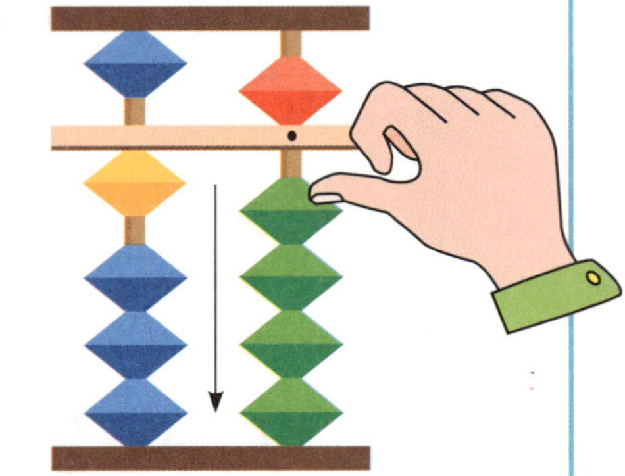

③ 일의 자리에서 6의 보수
4를 빼준다.

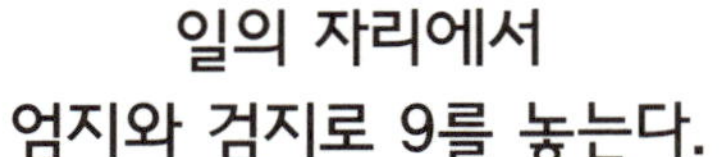

1	2	3	4	5	6	7	8
3	4	2	9	4	8	5	2
1	6	7	6	0	1	4	2
6	3	6	4	6	6	6	6

9	10	11	12	13	14	15	16
9	4	1	7	6	9	1	4
6	5	3	2	3	6	8	6
3	6	6	6	6	1	6	5

10을 활용한 6의 덧셈

주판으로 해 보세요.

1	2	3	4	5	6	7	8
2	6	9	1	7	5	3	2
2	3	6	8	2	4	1	7
6	6	3	6	6	7	6	6
3	2	1	4	3	2	4	3

9	10	11	12	13	14	15	16
5	3	2	8	1	4	9	5
2	6	9	1	3	6	6	4
2	6	8	6	6	2	3	6
6	4	6	4	5	7	1	2

17	18	19	20	21	22	23	24
4	5	8	6	1	3	6	7
6	3	7	3	9	7	2	9
3	1	4	6	9	9	7	3
7	6	6	2	6	6	4	6

10을 활용한 6의 덧셈 주판으로 해 보세요.

1	2	3	4	5	6	7	8
4	6	2	1	3	9	5	7
6	3	5	3	7	6	3	8
8	6	8	6	9	4	9	4
7	4	4	9	6	6	2	6
2	8	6	7	4	2	6	1

9	10	11	12	13	14	15	16
8	6	2	7	4	9	5	8
1	3	7	2	6	6	4	7
6	6	6	6	2	3	6	4
4	2	3	3	9	7	4	6
7	8	7	9	3	1	6	3

17	18	19	20	21	22	23	24
6	9	2	4	8	5	3	4
3	6	2	6	9	4	1	6
6	2	6	4	2	7	6	2
4	8	3	5	6	3	9	7
6	3	9	6	4	6	6	8

1 다음 문제를 암산으로 계산해 보세요(심산판을 사용해 보세요)

❶ 9 + 6 =

❷ 2 + 9 =

❸ 4 + 6 =

❹ 8 + 7 =

❺ 3 + 8 =

❻ 2 + 7 + 6 =

❼ 4 + 6 + 2 =

❽ 8 + 1 + 6 =

❾ 9 + 6 + 3 =

2 두 수의 합을 구하세요

❶ | 14 | 6 |

❷ | 17 | 9 |

❸ | 19 | 6 |

❹ | 13 | 7 |

3 다음 문제를 암산으로 계산해 보세요(심산판을 사용해 보세요)

1	2	3	4	5	6	7	8	9	10
4	3	5	7	4	6	2	3	8	9
6	1	4	2	6	3	2	6	7	6
2	6	6	6	5	6	6	6	4	3

10을 활용한 5의 덧셈

주판으로 해 보세요.

$$8 + 5 = 13$$

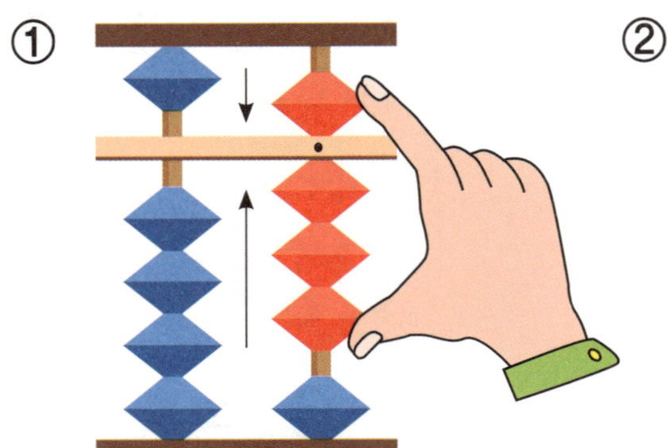

① 일의 자리에서
엄지와 검지로 8을 놓는다.

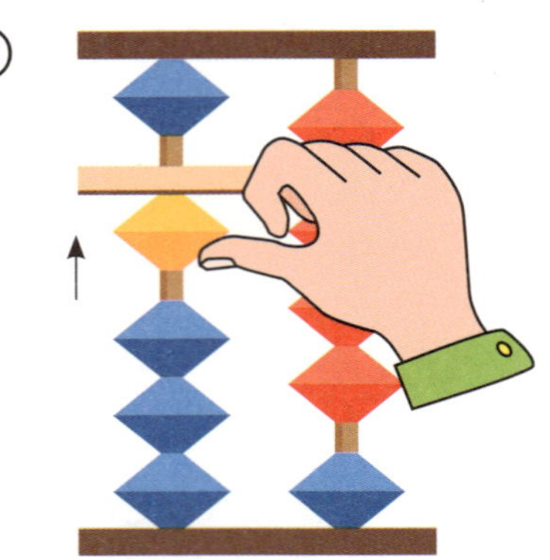

② 8에다 5를 더할 수 없으므로
앞에자리(십의자리)에 1을 더해주고

③ 일의 자리에서 5의 보수
5를 빼준다.

1	2	3	4	5	6	7	8
3	2	5	8	1	4	6	7
5	7	3	5	7	5	5	5
5	5	5	6	5	5	8	6

9	10	11	12	13	14	15	16
5	7	5	8	6	1	2	3
1	2	5	1	5	8	6	6
5	5	6	5	3	5	5	5

10을 활용한 5의 덧셈

주판으로 해 보세요.

1	2	3	4	5	6	7	8
6	2	3	7	8	1	5	6
5	6	5	5	5	9	2	5
2	5	5	6	1	8	5	8
6	1	6	5	5	5	6	5

9	10	11	12	13	14	15	16
8	3	9	1	4	6	8	2
5	7	5	7	7	3	5	7
5	6	8	5	8	5	7	5
7	5	6	6	5	9	6	6

17	18	19	20	21	22	23	24
9	1	6	7	2	5	3	4
5	8	2	5	6	2	5	8
6	6	5	2	8	9	5	7
4	5	7	6	5	5	7	5

10을 활용한 5의 덧셈 · 주판으로 해 보세요.

1	2	3	4	5	6	7	8
2	7	8	6	5	3	9	7
7	5	5	1	2	7	7	2
6	2	6	9	8	8	2	6
5	7	7	3	4	5	5	3
9	3	2	5	5	5	6	5

9	10	11	12	13	14	15	16
5	3	2	8	4	7	5	2
2	8	2	1	5	5	2	6
5	6	9	5	8	2	9	7
6	5	6	6	5	8	5	5
9	7	5	2	6	5	3	1

17	18	19	20	21	22	23	24
4	7	3	1	2	5	6	8
5	5	6	5	7	5	5	8
5	6	5	5	5	3	3	2
8	1	6	3	9	6	5	5
2	7	3	9	1	7	5	6

1 다음 문제를 암산으로 계산해 보세요(심산판을 사용해 보세요)

❶ $6 + 5$ ❷ $8 + 5$ ❸ $5 + 5$ ❹ $7 + 5$ ❺ $4 + 7$

❻ $3 + 6 + 5 =$ ❽ $8 + 5 + 6 =$

❼ $2 + 7 + 5 =$ ❾ $4 + 6 + 2 =$

2 빈칸에 알맞은 수를 써 넣으세요

3 다음 문제를 암산으로 계산해 보세요(심산판을 사용해 보세요)

1	2	3	4	5	6	7	8	9	10
7	6	9	8	5	2	1	8	3	4
5	5	6	5	5	7	6	5	6	5
2	3	4	1	3	5	5	6	5	7

10을 활용한 4의 덧셈 · 주판으로 해 보세요.

$$9 + 4 = 13$$

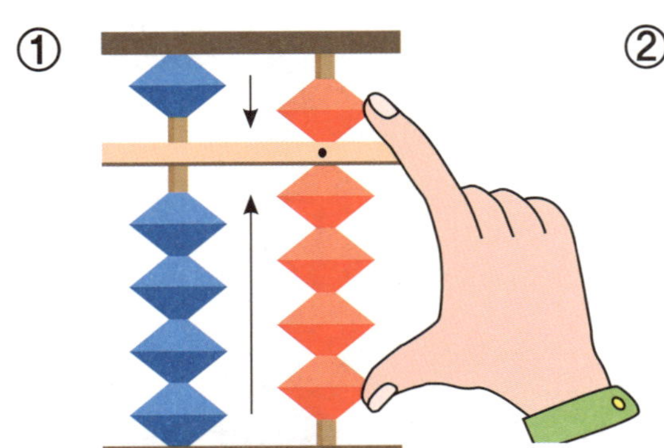

① 일의 자리에서
엄지와 검지로 9를 놓는다.

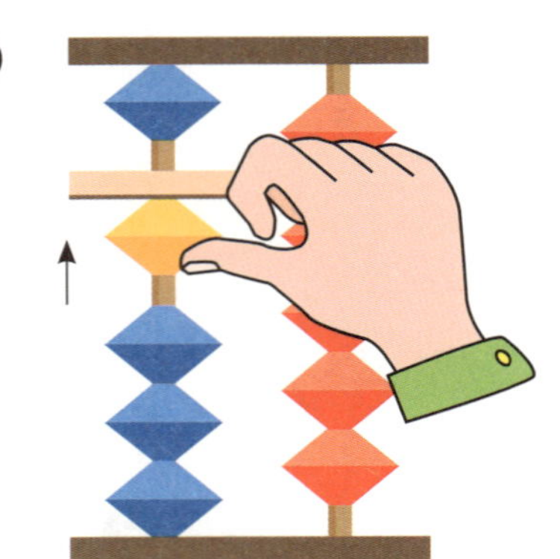

② 9에다 4를 더할 수 없으므로
앞에자리(십의자리) 1을 더해주고

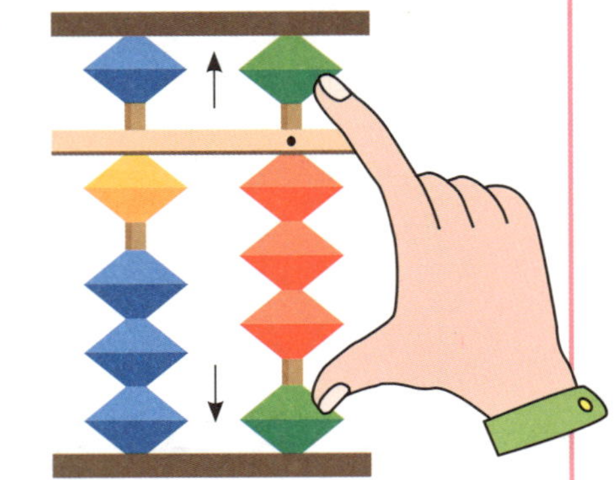

③ 일의 자리에서 4의 보수
6을 빼준다.

1	2	3	4	5	6	7	8
9	6	7	5	2	4	1	8
4	4	4	3	5	5	7	4
5	7	5	4	4	4	4	7

9	10	11	12	13	14	15	16
5	3	1	8	7	5	6	2
2	6	5	1	2	1	4	6
4	4	4	4	4	4	9	4

1	2	3	4	5	6	7	8
2	6	8	4	1	7	5	9
5	4	4	5	8	5	2	4
4	7	2	4	4	6	4	5
3	2	5	1	5	4	6	4

9	10	11	12	13	14	15	16
6	7	2	3	1	5	4	6
4	4	7	7	5	3	6	5
5	8	4	6	4	4	9	7
3	4	5	4	9	8	4	4

17	18	19	20	21	22	23	24
4	7	2	1	9	3	8	5
7	9	8	9	4	9	1	4
6	3	9	4	6	7	4	4
4	4	4	6	5	4	9	7

1	2	3	4	5	6	7	8
9	3	8	1	7	2	6	4
4	8	4	3	4	7	5	6
5	7	6	7	5	4	7	8
7	4	5	6	9	5	4	4
4	5	1	4	3	8	2	6

9	10	11	12	13	14	15	16
7	2	9	5	3	1	4	6
4	5	6	3	7	5	8	4
6	4	3	4	6	4	6	7
2	5	4	7	4	7	4	4
4	9	7	9	5	4	5	6

17	18	19	20	21	22	23	24
2	8	1	6	3	9	5	6
6	4	8	4	5	4	3	2
4	2	4	7	4	5	4	4
7	7	5	5	6	4	2	5
6	3	9	2	8	2	9	4

1 다음 문제를 암산으로 계산해 보세요(심산판을 사용해 보세요)

❶
$$8 + 4$$

❷
$$2 + 8$$

❸
$$7 + 4$$

❹
$$9 + 4$$

❺
$$3 + 7$$

❻ $9 + 4 + 5 =$

❽ $6 + 4 + 5 =$

❼ $6 + 3 + 8 =$

❾ $3 + 5 + 4 =$

2 더한 수 10이 되는 것을 모두 찾아 △ 하세요

$6 + 2$	$5 + 5$	$9 + 0$	$3 + 7$	$3 + 5$
$5 + 4$	$7 + 1$	$2 + 8$	$1 + 6$	$6 + 4$

3 다음 문제를 암산으로 계산해 보세요(심산판을 사용해 보세요)

1	2	3	4	5	6	7	8	9	10
6	7	5	8	2	9	7	3	1	8
4	4	3	4	6	4	4	5	8	7
3	3	4	5	4	5	2	4	5	3

10을 활용한 3의 덧셈

주판으로 해 보세요.

$$7 + 3 = 10$$

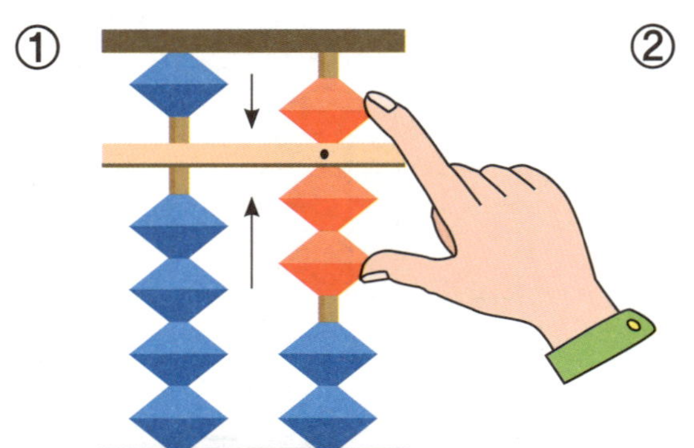

① 일의 자리에서
엄지와 검지로 7을 놓는다

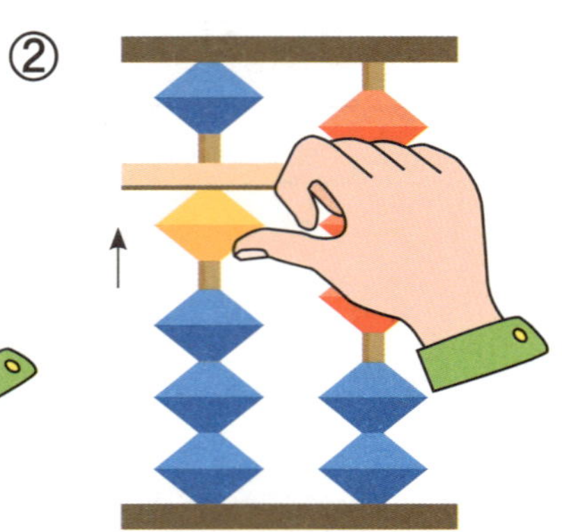

② 7에서 3을 더할 수 없으므로
앞에자리(십의자리)에 1을 더해주고

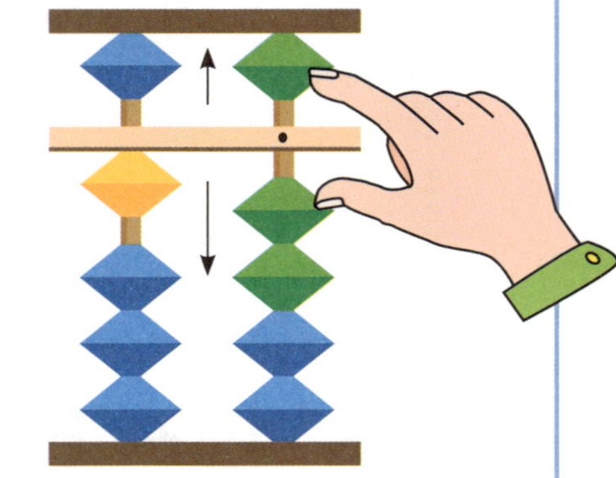

③ 일의 자리에서 3의 보수
7을 빼준다.

1	2	3	4	5	6	7	8
7	2	5	9	3	6	8	4
3	6	2	3	5	1	3	5
4	3	3	7	3	3	6	3

9	10	11	12	13	14	15	16
9	6	7	1	3	5	1	2
3	2	2	8	6	3	6	7
5	3	3	3	3	3	3	3

10을 활용한 3의 덧셈

주판으로 해 보세요.

1	2	3	4	5	6	7	8
6	1	7	5	8	3	2	7
2	6	3	2	3	6	5	3
3	3	6	3	6	3	3	6
5	8	2	9	2	5	7	5

9	10	11	12	13	14	15	16
3	8	7	4	2	5	9	6
5	1	3	9	7	4	3	2
3	3	9	5	3	3	5	3
7	5	3	3	6	2	3	9

17	18	19	20	21	22	23	24
5	4	8	1	6	2	8	7
3	5	3	7	5	6	7	5
3	3	5	3	8	3	4	6
7	6	9	5	3	9	3	3

10을 활용한 3의 덧셈   주판으로 해 보세요.

1	2	3	4	5	6	7	8
8	1	3	7	4	8	5	6
3	8	7	8	5	3	2	1
6	3	9	4	3	7	3	3
4	6	3	3	6	5	8	9
3	5	2	6	8	1	3	3

9	10	11	12	13	14	15	16
4	6	8	1	3	9	7	2
8	2	7	9	6	3	3	7
5	3	4	7	3	5	9	3
3	8	3	3	5	3	6	7
9	4	5	2	8	6	3	9

17	18	19	20	21	22	23	24
3	9	2	7	5	6	8	4
6	3	5	3	3	3	3	7
3	7	3	4	3	3	5	2
7	3	4	5	8	7	4	6
5	2	8	6	7	5	9	3

1 다음 문제를 암산으로 계산해 보세요(심산판을 사용해 보세요)

❶ 9 + 3

❷ 5 + 5

❸ 8 + 3

❹ 6 + 9

❺ 7 + 3

❻ 5 + 3 + 3 =

❼ 8 + 3 + 2 =

❽ 9 + 3 + 6 =

❾ 2 + 9 + 5 =

2 모양이 같은 수끼리 더한 값을 구하시오

9   5   7   3   ➡

3 다음 문제를 암산으로 계산해 보세요(심산판을 사용해 보세요)

1	2	3	4	5	6	7	8	9	10
7	2	4	8	6	9	5	1	3	9
3	5	6	3	2	3	4	9	5	7
6	3	2	5	3	2	3	7	3	2

10을 활용한 2의 덧셈   주판으로 해 보세요.

$$9 + 2 = 11$$

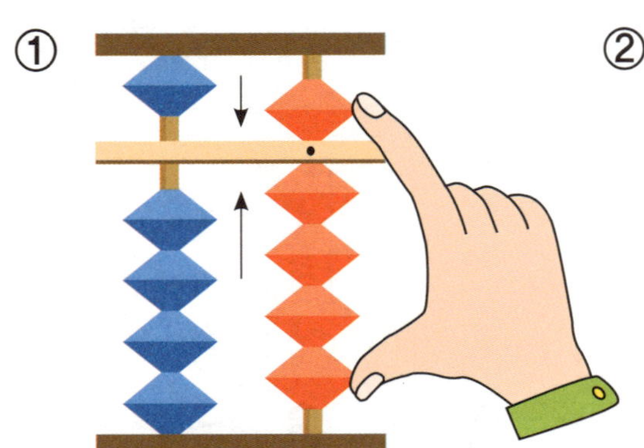

① 일의 자리에서
엄지와 검지로 9을 놓는다

② 9에다 2를 더할 수 없으므로
앞에자리(십의자리)에 1을 더해주고

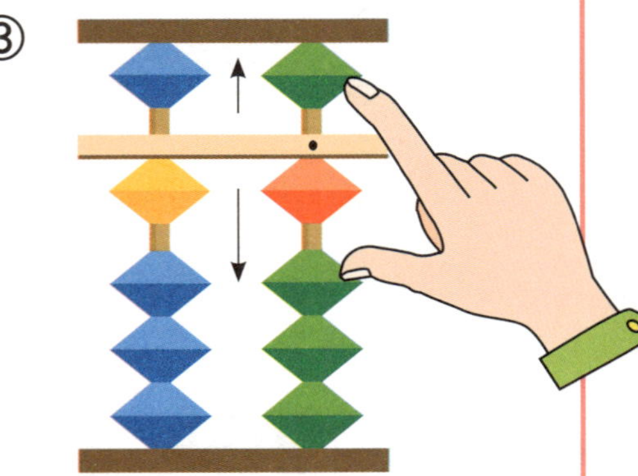

③ 일의 자리에서 2의 보수
8을 빼준다.

1	2	3	4	5	6	7	8
8	4	6	5	7	9	3	7
2	5	2	3	2	2	6	1
4	2	2	2	2	5	2	2

9	10	11	12	13	14	15	16
9	5	3	6	8	2	9	1
2	4	5	3	2	6	2	8
7	2	2	2	9	2	3	2

10을 활용한 2의 덧셈

주판으로 해 보세요.

1	2	3	4	5	6	7	8
2	6	5	1	9	7	8	6
6	3	4	7	2	2	1	2
2	2	2	2	7	3	2	2
4	5	6	9	2	5	3	7

9	10	11	12	13	14	15	16
3	4	8	2	5	7	9	4
5	7	2	9	3	5	2	5
2	8	7	8	2	7	6	2
9	2	3	2	6	2	8	7

17	18	19	20	21	22	23	24
4	9	1	7	3	5	6	8
6	7	8	3	8	4	5	2
8	3	2	9	8	2	8	9
2	2	5	2	2	9	2	2

10을 활용한 2의 덧셈

주판으로 해 보세요.

1	2	3	4	5	6	7	8
3	6	4	2	7	1	5	8
8	5	5	7	5	9	4	2
7	8	2	6	6	8	2	9
2	2	6	4	2	2	7	6
4	5	3	2	9	5	2	4

9	10	11	12	13	14	15	16
5	8	2	6	9	7	3	4
3	5	8	4	2	4	6	6
2	6	9	8	5	7	2	8
7	2	2	2	3	2	9	2
9	3	5	9	6	8	3	5

17	18	19	20	21	22	23	24
4	7	3	8	6	2	9	5
5	1	6	2	2	7	2	4
2	2	2	5	2	2	6	2
9	8	3	5	9	5	8	6
5	4	7	6	6	4	3	5

1 다음 문제를 암산으로 계산해 보세요(심산판을 사용해 보세요)

①
$$9 + 2$$

②
$$4 + 9$$

③
$$3 + 7$$

④
$$8 + 2$$

⑤
$$6 + 5$$

⑥ $3 + 5 + 2 = $

⑧ $9 + 2 + 6 = $

⑦ $8 + 2 + 5 = $

⑨ $2 + 8 + 4 = $

2 빈칸에 알맞은 수를 써 넣으세요

① 19 →(+2)→ ☐

② 18 →(+4)→ ☐

3 다음 문제를 암산으로 계산해 보세요(심산판을 사용해 보세요)

1	2	3	4	5	6	7	8	9	10
9	6	8	3	7	5	9	2	8	4
2	3	2	6	4	4	2	6	5	8
6	2	5	2	3	2	5	2	6	7

$$9 + 1 = 10$$

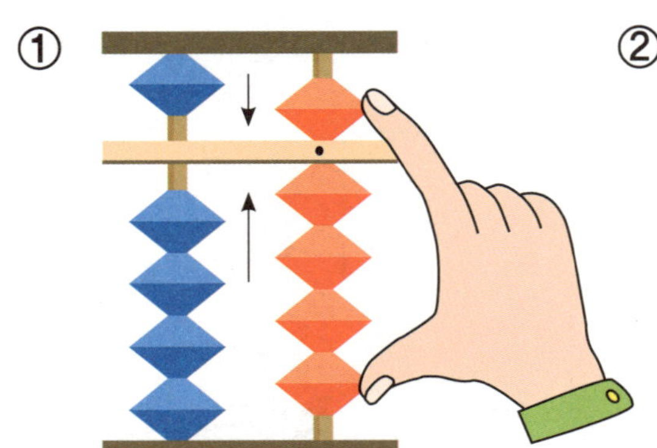

일의 자리에서
엄지와 검지로 9를 놓는다

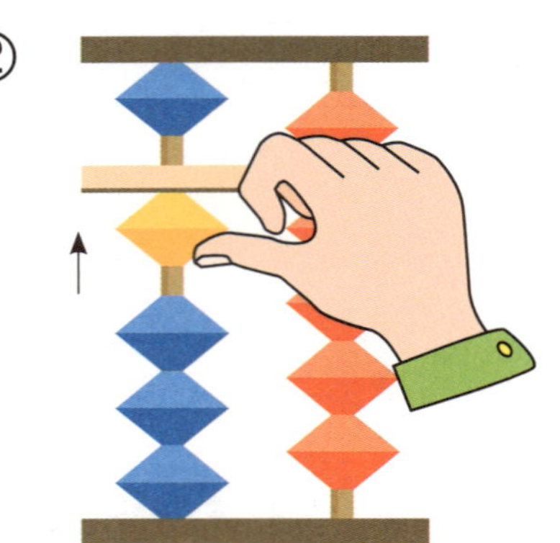

9에다 1을 더할 수 없으므로
앞에자리(십의자리)에 1을 더해주고

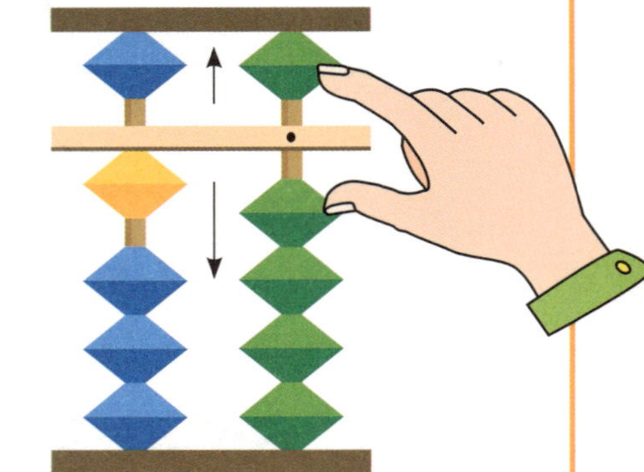

일의 자리에서 1의 보수
9를 빼준다.

1	2	3	4	5	6	7	8
3	8	9	1	6	4	9	2
6	1	1	8	3	5	1	7
1	1	6	1	1	1	5	1

9	10	11	12	13	14	15	16
7	6	8	5	3	9	6	2
2	3	3	4	7	1	9	8
1	2	1	1	5	7	4	6

10을 활용한 1의 덧셈   주판으로 해 보세요.

1	2	3	4	5	6	7	8
6	3	7	2	5	9	4	8
4	6	9	8	4	1	5	4
9	1	3	9	1	7	1	7
1	7	1	1	8	4	9	1

9	10	11	12	13	14	15	16
3	7	6	9	8	4	9	1
9	4	3	1	5	8	1	8
7	8	1	6	6	7	3	1
1	1	7	5	1	1	9	3

17	18	19	20	21	22	23	24
7	4	2	6	9	7	5	9
2	9	8	5	1	8	4	6
1	6	9	8	8	4	1	4
8	1	1	1	3	1	6	1

주판으로 해 보세요.

1	2	3	4	5	6	7	8
5	9	7	6	8	1	2	4
4	1	2	9	7	8	7	9
1	5	1	4	1	7	1	6
6	4	9	1	3	3	8	1
2	3	1	5	1	1	4	6

9	10	11	12	13	14	15	16
2	4	9	7	5	8	6	4
9	5	1	3	4	2	3	6
8	1	6	9	1	4	1	9
1	7	5	1	8	5	9	1
4	9	2	5	3	1	2	7

17	18	19	20	21	22	23	24
3	7	6	1	4	5	2	9
6	4	4	5	8	3	8	6
1	5	9	3	5	4	9	4
9	3	1	1	2	7	1	1
2	1	6	7	1	1	6	5

1 다음 문제를 암산으로 계산해 보세요(심산판을 사용해 보세요)

❶ 19 + 1

❷ 17 + 4

❸ 14 + 6

❹ 16 + 9

❺ 18 + 5

❻ 5 + 4 + 1 =

❽ 2 + 9 + 7 =

❼ 8 + 3 + 6 =

❾ 7 + 2 + 1 =

2 가장 큰 수와 가장 작은 수의 합을 구하시오

| 19 | 8 | 12 | 1 | → | |

3 다음 문제를 암산으로 계산해 보세요(심산판을 사용해 보세요)

1	2	3	4	5	6	7	8	9	10
9	6	8	7	9	4	5	1	3	2
1	3	1	2	1	5	4	8	5	6
4	1	1	1	8	1	7	5	9	3

1	2	3	4	5	6	7	8	9	10
9	5	8	4	7	9	2	6	3	9
6	4	8	9	1	6	5	3	6	2
3	7	3	6	5	2	4	2	7	6
5	2	6	2	6	2	3	8	2	3
6	4	2	5	3	7	8	1	5	4

11	12	13	14	15	16	17	18	19	20
3	8	7	6	9	8	4	5	2	8
8	9	5	4	3	4	9	2	6	3
3	2	6	7	6	1	5	3	4	3
5	3	7	2	2	8	5	9	8	6
1	5	4	6	5	3	6	7	9	2

21	22	23	24	25	26	27	28	29	30
4	2	7	5	8	9	3	6	2	5
7	7	8	4	2	9	7	2	7	4
5	3	4	6	6	2	2	4	1	3
9	6	1	3	9	3	6	5	3	6
2	4	3	7	4	1	5	3	8	7

1	2	3	4	5	6	7	8	9	10
3	9	1	5	8	9	3	4	9	7
8	6	2	4	2	2	7	5	1	3
8	2	7	9	7	7	9	6	4	2
7	5	9	1	4	1	3	2	8	6
2	5	1	3	6	4	2	5	7	2

11	12	13	14	15	16	17	18	19	20
8	3	6	1	4	7	6	7	9	2
4	1	9	8	7	2	3	2	2	5
7	8	4	6	3	5	8	1	5	4
2	5	1	3	6	9	2	4	3	8
5	3	9	5	4	6	7	8	6	3

 암산으로 해 보세요(심산판을 사용해 보세요)

1	2	3	4	5	6	7	8	9	10
7	9	3	7	6	8	2	4	9	6
4	2	6	3	9	4	9	8	1	5
8	3	7	4	5	2	6	5	4	8
1	8	5	6	4	7	3	9	6	2

1	2	3	4	5	6	7	8	9	10
4	7	8	6	9	7	2	3	5	6
7	4	2	5	1	1	9	7	4	3
6	8	5	3	3	4	3	9	3	1
3	6	3	7	6	6	5	6	8	9
2	4	8	1	9	5	8	4	5	2

11	12	13	14	15	16	17	18	19	20
8	9	2	4	3	6	9	4	7	5
5	7	6	7	6	9	3	5	2	3
6	2	1	6	5	4	2	8	1	7
2	3	5	3	9	6	5	2	9	4
7	5	8	8	1	2	5	7	6	2

21	22	23	24	25	26	27	28	29	30
6	4	9	7	1	4	5	6	8	9
3	7	6	3	9	6	5	1	8	4
2	3	4	8	8	9	2	4	2	6
7	5	9	4	2	3	8	5	9	1
5	6	1	6	9	5	3	9	2	5

1	2	3	4	5	6	7	8	9	10
7	8	2	5	6	3	4	9	5	2
4	8	7	3	2	7	8	9	4	8
8	5	1	7	3	2	2	3	1	2
6	6	4	2	8	7	6	1	7	5
1	3	9	5	2	5	7	2	4	3

11	12	13	14	15	16	17	18	19	20
9	6	5	8	7	4	3	1	2	5
7	4	4	1	1	5	9	6	9	3
3	2	3	6	9	7	1	3	8	2
2	1	7	4	2	4	6	8	7	9
6	8	5	1	4	7	6	5	3	8

1	2	3	4	5	6	7	8	9	10
4	2	8	9	3	7	6	9	5	6
8	9	3	6	7	1	3	8	4	2
2	1	5	3	9	9	4	2	6	7
5	6	2	1	6	2	5	1	3	4

 주판으로 해 보세요.

1	2	3	4	5	6	7	8	9	10
9	4	1	7	9	6	3	5	8	2
3	5	8	3	2	4	8	2	7	6
2	4	1	4	7	9	8	9	4	1
5	6	9	5	8	1	2	2	6	5
7	5	9	6	1	3	5	3	2	8

11	12	13	14	15	16	17	18	19	20
7	3	4	8	6	9	2	5	1	3
9	7	6	2	1	8	7	3	8	9
5	4	9	7	3	2	4	5	9	2
2	8	1	4	9	6	5	6	2	7
6	1	7	5	2	3	7	1	7	3

21	22	23	24	25	26	27	28	29	30
4	9	2	8	4	7	3	5	1	6
7	2	5	1	5	3	1	4	9	2
2	1	2	7	1	9	7	6	7	1
5	7	3	2	9	1	8	3	5	9
4	8	9	5	6	3	2	4	6	8

1	2	3	4	5	6	7	8	9	10
2	8	4	7	9	3	6	5	1	5
6	1	6	2	6	7	2	4	8	4
4	1	8	8	3	1	4	3	5	1
7	9	2	1	9	8	2	7	6	7
5	3	6	7	2	9	8	2	3	9

11	12	13	14	15	16	17	18	19	20
8	4	7	2	3	5	6	9	4	9
2	6	5	1	6	5	4	6	7	1
6	6	6	8	1	8	9	4	3	2
9	4	7	6	4	1	2	8	5	7
2	3	4	3	7	3	5	2	9	3

🐝 암산으로 해 보세요(심산판을 사용해 보세요)

1	2	3	4	5	6	7	8	9	10
9	3	4	7	6	5	2	8	4	7
1	8	6	9	2	5	9	2	5	4
2	6	7	3	7	8	6	7	1	8
7	1	5	4	4	3	8	4	9	6

주판으로 해 보세요.

1	2	3	4	5	6	7	8	9	10
18	16	12	17	14	13	19	15	17	19
2	4	9	8	6	8	2	1	3	6
7	9	5	4	8	6	8	9	4	3
5	7	4	3	8	4	1	3	7	5

11	12	13	14	15	16	17	18	19	20
15	19	14	17	18	13	16	12	19	17
4	1	5	5	2	6	5	8	2	2
5	2	6	2	9	8	3	7	8	1
7	8	3	9	3	9	7	3	4	6

21	22	23	24	25	26	27	28	29	30
4	8	6	9	7	8	4	6	3	9
6	5	9	3	4	2	8	5	7	1
15	16	13	17	13	19	15	17	18	16
3	4	2	8	7	6	3	9	5	4

1	2	3	4	5	6	7	8	9	10
14	18	15	16	19	12	13	17	18	19
6	5	1	2	8	5	6	9	4	7
11	15	19	13	12	18	11	12	17	11
5	2	4	2	7	3	4	2	6	5

11	12	13	14	15	16	17	18	19	20
12	14	16	19	18	15	27	14	23	15
16	15	11	10	11	11	12	16	16	13
3	6	4	6	2	9	2	7	3	7
7	4	5	3	6	3	5	8	2	4

🐝 암산으로 해 보세요(심산판을 사용해 보세요)

1	2	3	4	5	6	7	8	9	10
4	9	6	2	7	1	3	5	8	4
8	1	5	5	2	3	8	4	1	5
5	2	3	4	2	7	2	6	2	1
2	6	7	8	9	6	9	3	5	8

심산판 날개 부록을
여기에 맞춰서 붙여 주세요!

심산판 부록
붙이는 곳

MASTER 매직셈
1단계
정답

8쪽

① 3	② 9	③ 1	④ 5	⑤ 2
⑥ 6	⑦ 0	⑧ 9	⑨ 7	⑩ 8
⑪ 7	⑫ 5	⑬ 3	⑭ 1	⑮ 9
⑯ 4	⑰ 6	⑱ 0	⑲ 8	⑳ 2

9쪽

㉑ 3	㉒ 7	㉓ 1	㉔ 0	㉕ 5
㉖ 2	㉗ 6	㉘ 4	㉙ 8	㉚ 9
㉛ 5	㉜ 1	㉝ 3	㉞ 0	㉟ 6
㊱ 7	㊲ 9	㊳ 2	㊴ 4	㊵ 8

10쪽

1	2	3	4	5	6	7	8
4	3	4	3	4	4	3	4

9	10	11	12	13	14	15	16
3	2	0	3	3	1	4	4

11쪽

1	2	3	4	5	6	7	8
3	4	3	1	4	3	2	2

9	10	11	12	13	14	15	16
4	4	1	3	3	2	4	2

17	18	19	20	21	22	23	24
1	4	1	3	2	1	1	2

13쪽

1	2	3	4	5	6	7	8
6	8	7	8	9	8	9	9

9	10	11	12	13	14	15	16
8	7	8	9	7	9	8	9

17	18	19	20	21	22	23	24
3	4	4	3	1	6	1	5

14쪽

1	2	3	4	5	6	7	8
4	3	4	3	3	4	4	2

9	10	11	12	13	14	15	16
8	4	3	7	8	4	5	8

17	18	19	20	21	22	23	24
8	9	9	6	7	9	5	7

15쪽

1	2	3	4	5	6	7	8
8	8	7	9	9	8	9	4

9	10	11	12	13	14	15	16
9	6	9	2	4	6	3	8

17	18	19	20	21	22	23	24
8	9	8	8	9	6	8	6

18쪽

1	2	3	4	5	6	7	8	9	10
21	38	95	47	64	15	80	43	92	67

11	12	13	14	15	16	17	18	19	20
30	26	79	91	82	48	61	93	70	25

19쪽

1	2	3	4	5	6	7	8	9	10
34	72	56	18	90	35	91	37	10	24

11	12	13	14	15	16	17	18	19	20
39	17	50	62	28	65	57	63	90	89

20쪽

1	2	3	4	5	6	7	8
20	30	10	40	30	60	10	50

9	10	11	12	13	14	15	16
32	45	46	91	71	34	83	60

17	18	19	20	21	22	23	24
44	22	33	0	33	33	11	55

21쪽

1

| ① 9 | ② 8 | ③ 7 | ④ 6 | ⑤ 5 |
| ⑥ 4 | ⑦ 3 | ⑧ 2 | ⑨ 1 | ⑩ 10 |

2

| ① 7 | ② 1 | ③ 6 | ④ 5 | ⑤ 2 |
| ⑥ 8 | ⑦ 3 | ⑧ 9 | ⑨ 4 | ⑩ 10 |

22쪽

1	2	3	4	5	6	7	8
13	18	16	18	17	18	16	18

9	10	11	12	13	14	15	16
16	17	18	19	19	17	19	18

23쪽

1	2	3	4	5	6	7	8
17	19	28	19	19	17	18	19

9	10	11	12	13	14	15	16
18	25	19	19	23	19	19	19

17	18	19	20	21	22	23	24
14	19	28	19	19	22	18	19

24쪽

1	2	3	4	5	6	7	8
28	27	29	29	28	27	28	29

9	10	11	12	13	14	15	16
28	27	28	29	28	28	29	28

17	18	19	20	21	22	23	24
28	28	26	29	28	29	28	27

25쪽

1 ① 13　② 11　③ 15　④ 10　⑤ 12　⑥ 18　⑦ 13　⑧ 19　⑨ 17

2 12　17

3

1	2	3	4	5	6	7	8	9	10
13	14	13	14	16	19	18	17	18	19

26쪽

1	2	3	4	5	6	7	8
15	14	16	12	15	16	18	15

9	10	11	12	13	14	15	16
17	16	12	17	16	17	19	17

27쪽

1	2	3	4	5	6	7	8
17	19	17	19	19	27	18	19

9	10	11	12	13	14	15	16
19	19	17	19	18	25	17	19

17	18	19	20	21	22	23	24
18	22	19	27	19	27	19	18

28쪽

1	2	3	4	5	6	7	8
28	29	27	28	26	28	29	26

9	10	11	12	13	14	15	16
29	27	28	27	27	28	27	26

17	18	19	20	21	22	23	24
27	29	27	27	28	27	26	27

29쪽

1 ① 11　② 17　③ 15　④ 12　⑤ 11　⑥ 14　⑦ 18　⑧ 17　⑨ 17

2 15　22

3

1	2	3	4	5	6	7	8	9	10
14	13	14	15	16	16	19	17	17	18

30쪽

1	2	3	4	5	6	7	8
12	16	10	15	16	15	16	19

9	10	11	12	13	14	15	16
17	15	11	16	15	16	19	11

31쪽

1	2	3	4	5	6	7	8
17	19	18	26	18	19	19	17

9	10	11	12	13	14	15	16
19	18	18	14	26	18	21	25

17	18	19	20	21	22	23	24
25	16	17	18	25	19	18	25

32쪽

1	2	3	4	5	6	7	8
28	27	26	27	27	26	28	26

9	10	11	12	13	14	15	16
27	26	29	27	26	26	26	27

17	18	19	20	21	22	23	24
28	28	26	27	25	29	22	27

33쪽

1 ① 11　② 15　③ 11　④ 16　⑤ 15　⑥ 18　⑦ 16　⑧ 19　⑨ 16

2 15

3

1	2	3	4	5	6	7	8	9	10
14	13	11	15	19	15	16	16	17	15

34쪽

1	2	3	4	5	6	7	8
10	13	15	19	10	15	15	10

9	10	11	12	13	14	15	16
18	15	10	15	15	16	15	15

35쪽

1	2	3	4	5	6	7	8
13	17	19	19	18	18	14	18

9	10	11	12	13	14	15	16
15	19	25	19	15	19	19	17

17	18	19	20	21	22	23	24
20	15	25	17	25	25	19	25

36쪽

1	2	3	4	5	6	7	8
27	27	25	26	29	27	25	26

9	10	11	12	13	14	15	16
26	25	25	27	24	26	25	28

17	18	19	20	21	22	23	24
25	28	22	25	29	25	25	27

37쪽

1 ① 15 ② 11 ③ 10 ④ 15 ⑤ 11
  ⑥ 15 ⑦ 12 ⑧ 15 ⑨ 18

2 ① 20 ② 26 ③ 25 ④ 20

3

1	2	3	4	5	6	7	8	9	10
12	10	15	15	15	15	10	15	19	18

38쪽

1	2	3	4	5	6	7	8
13	14	13	19	13	14	19	18

9	10	11	12	13	14	15	16
11	14	16	14	14	14	13	14

39쪽

1	2	3	4	5	6	7	8
19	14	19	23	19	23	18	24

9	10	11	12	13	14	15	16
25	21	28	19	24	23	26	20

17	18	19	20	21	22	23	24
24	20	20	20	21	21	20	24

40쪽

1	2	3	4	5	6	7	8
29	24	28	24	24	28	29	23

9	10	11	12	13	14	15	16
27	29	24	22	28	27	24	21

17	18	19	20	21	22	23	24
24	26	23	23	24	26	24	29

41쪽

1 ① 11 ② 13 ③ 10 ④ 12 ⑤ 11
  ⑥ 14 ⑦ 14 ⑧ 19 ⑨ 12

2 14 20

3

1	2	3	4	5	6	7	8	9	10
14	14	19	14	13	14	12	19	14	16

42쪽

1	2	3	4	5	6	7	8
18	17	16	12	11	13	12	19

9	10	11	12	13	14	15	16
11	13	10	13	13	10	19	12

43쪽

1	2	3	4	5	6	7	8
14	19	19	14	18	22	17	22

9	10	11	12	13	14	15	16
18	23	18	20	19	20	23	22

17	18	19	20	21	22	23	24
21	23	23	20	24	23	22	20

44쪽

1	2	3	4	5	6	7	8
29	27	24	21	28	26	24	28

9	10	11	12	13	14	15	16
23	25	29	28	25	21	27	27

17	18	19	20	21	22	23	24
25	24	27	24	26	24	23	21

45쪽

1 ① 12　② 10　③ 11　④ 13　⑤ 10
　 ⑥ 18　⑦ 17　⑧ 15　⑨ 12

2

6 + 2	5 + 5	9 + 0	3 + 7	3 + 5
9 + 4	7 + 1	2 + 8	1 + 6	6 + 4

3

1	2	3	4	5	6	7	8	9	10
13	14	12	17	12	18	13	12	14	18

46쪽

1	2	3	4	5	6	7	8
14	11	10	19	11	10	17	12

9	10	11	12	13	14	15	16
17	11	12	12	12	11	10	12

47쪽

1	2	3	4	5	6	7	8
16	18	18	19	19	17	17	21

9	10	11	12	13	14	15	16
18	17	22	21	18	14	20	20

17	18	19	20	21	22	23	24
18	18	25	16	22	20	22	21

48쪽

1	2	3	4	5	6	7	8
24	23	24	28	26	24	21	22

9	10	11	12	13	14	15	16
29	23	27	22	25	26	28	28

17	18	19	20	21	22	23	24
24	24	22	25	26	24	29	22

49쪽

1 ① 12　② 10　③ 11　④ 15　⑤ 10
　 ⑥ 11　⑦ 13　⑧ 18　⑨ 16

2 12

3

1	2	3	4	5	6	7	8	9	10
16	10	12	16	11	14	12	17	11	18

50쪽

1	2	3	4	5	6	7	8
14	11	10	10	11	16	11	10

9	10	11	12	13	14	15	16
18	11	10	11	19	10	14	11

51쪽

1	2	3	4	5	6	7	8
14	16	17	19	20	17	14	17

9	10	11	12	13	14	15	16
19	21	20	21	16	21	25	18

17	18	19	20	21	22	23	24
20	21	16	21	21	20	21	21

52쪽

1	2	3	4	5	6	7	8
24	26	20	21	29	25	20	29

9	10	11	12	13	14	15	16
26	24	26	29	25	28	23	25

17	18	19	20	21	22	23	24
25	22	21	26	25	20	28	22

53쪽

1 ① 11　② 13　③ 10　④ 10　⑤ 11
　 ⑥ 10　⑦ 15　⑧ 17　⑨ 14

2 ① 21　② 22

3

1	2	3	4	5	6	7	8	9	10
17	11	15	11	14	11	16	10	19	19

54쪽

1	2	3	4	5	6	7	8
10	10	16	10	10	10	15	10

9	10	11	12	13	14	15	16
10	11	12	10	15	17	19	16

55쪽

1	2	3	4	5	6	7	8
20	17	20	20	18	21	19	20

9	10	11	12	13	14	15	16
20	20	17	21	20	20	22	13

17	18	19	20	21	22	23	24
18	20	20	20	21	20	16	20

56쪽

1	2	3	4	5	6	7	8
18	22	20	25	20	20	22	26

9	10	11	12	13	14	15	16
24	26	23	25	21	20	21	27

17	18	19	20	21	22	23	24
21	20	26	17	20	20	26	25

57쪽

1 ① 20　② 21　③ 20　④ 25　⑤ 23
　⑥ 10　⑦ 17　⑧ 18　⑨ 10

2 20

3

1	2	3	4	5	6	7	8	9	10
14	10	10	10	18	10	16	14	17	11

58쪽

1	2	3	4	5	6	7	8	9	10
29	22	27	26	22	26	22	20	23	24

11	12	13	14	15	16	17	18	19	20
20	27	29	25	25	24	29	26	29	22

21	22	23	24	25	26	27	28	29	30
27	22	23	25	29	24	23	20	21	25

59쪽

1	2	3	4	5	6	7	8	9	10
28	27	20	22	27	23	24	22	29	20

11	12	13	14	15	16	17	18	19	20
26	20	29	23	24	29	26	22	25	22

1	2	3	4	5	6	7	8	9	10
20	22	21	20	24	21	20	26	20	21

60쪽

1	2	3	4	5	6	7	8	9	10
22	29	26	22	28	23	27	29	25	21

11	12	13	14	15	16	17	18	19	20
28	26	22	28	24	27	24	26	25	21

21	22	23	24	25	26	27	28	29	30
23	25	29	28	29	27	23	25	29	25

61쪽

1	2	3	4	5	6	7	8	9	10
26	30	23	22	21	24	27	24	21	20

11	12	13	14	15	16	17	18	19	20
27	21	24	20	23	27	25	23	29	27

1	2	3	4	5	6	7	8	9	10
19	18	18	19	25	19	18	20	18	19

62쪽

1	2	3	4	5	6	7	8	9	10
26	24	28	25	27	23	26	21	27	22

11	12	13	14	15	16	17	18	19	20
29	23	27	26	21	28	25	20	27	24

21	22	23	24	25	26	27	28	29	30
22	27	21	23	25	23	21	22	28	26

63쪽

1	2	3	4	5	6	7	8	9	10
24	22	26	25	29	28	22	21	23	26

11	12	13	14	15	16	17	18	19	20
27	23	29	20	21	22	26	29	28	22

1	2	3	4	5	6	7	8	9	10
19	18	22	23	19	21	25	21	19	25

64쪽

1	2	3	4	5	6	7	8	9	10
32	36	30	32	36	31	30	28	31	33

11	12	13	14	15	16	17	18	19	20
31	30	28	33	32	36	31	30	33	26

21	22	23	24	25	26	27	28	29	30
28	33	30	37	31	35	30	37	33	30

65쪽

1	2	3	4	5	6	7	8	9	10
36	40	39	33	46	38	34	40	45	42

11	12	13	14	15	16	17	18	19	20
38	39	36	38	37	38	46	45	44	39

1	2	3	4	5	6	7	8	9	10
19	18	21	19	20	17	22	18	16	18

심산판 날개 사용법

마스터 매직셈 (1단계) 심산판 날개 부록

심산판 날개 사용법

①

점선을 따라 심산판 날개를
자르고 접는 선을 따라 접어주세요.

②

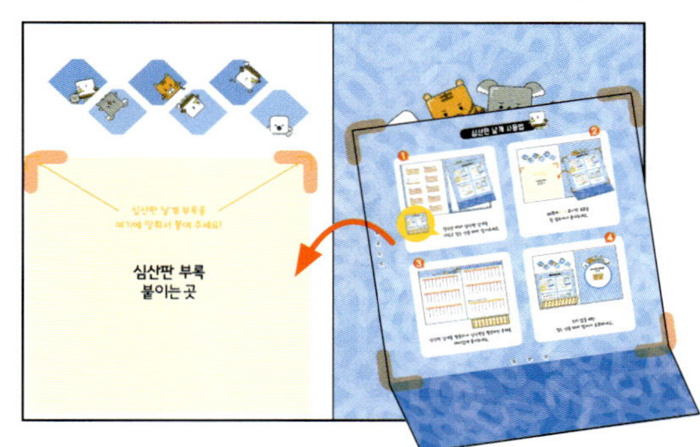

66쪽에 ⌐ ㄱ 표시한 부분을
잘 맞추어서 붙여주세요.

③

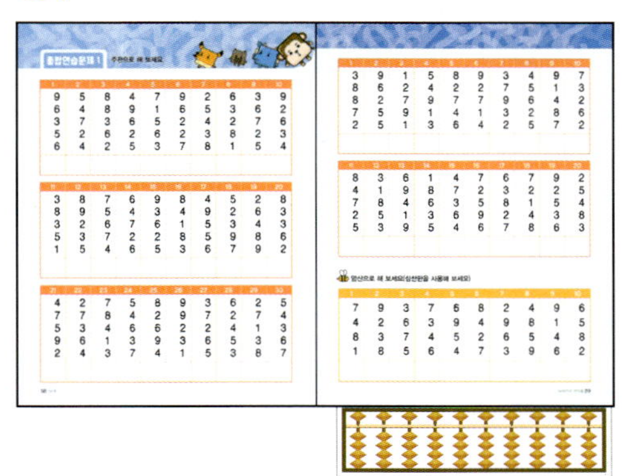

심산판 날개를 활용하여 심산판을 활용하는 문제를
재미있게 풀어보세요.

④

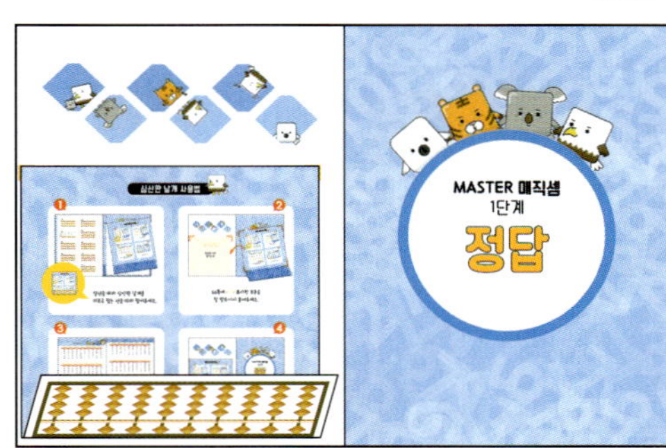

쓰지 않을 때는
접는 선을 따라 접어서 보관하세요.

자 르 는 선

접 는 선

풀칠하는 곳